第一次
打造花园
就成功

美好小花坛，
一天完成。

花坛小景
与
组合盆栽

[日] 井上真由美　著

唐文霖　译

中国轻工业出版社

目录

第三章

开满鲜花的
花坛

第四章

组合盆栽种植和
配色案例

本书使用方法

第一章详细说明了制作花坛的基本要领和栽培植物的方法，内容通俗易懂。

第二章利用大量图片介绍了花坛的实际制作方法和幼苗的种植方法。

第三章展示了种类丰富的花坛实例。

第四章不仅介绍了组合盆栽的基本方法，还配有大量实例讲解。

第五章的植物图鉴介绍了花坛和组合盆栽植物的主要数据、特征，并提出了栽培建议。植物科名等内容采用了生物分类学成果的APG体系。

第六章主要介绍了植物栽培的基础知识和管理方法，配有插图，用尽可能简洁的文字说明了基本方法和要点。

＊关于植物数据和培育方法，以日本关东平原以西为基准。

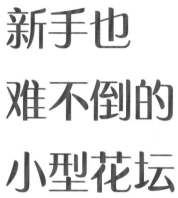

第一章

新手也
难不倒的
小型花坛

喜爱植物、想要尝试
打造花坛的你，
这里有一些事先应该了解的
基础知识和操作要点。

开满季节性花卉的漂亮花坛

试着在庭院和阳台中布置小型花坛，感受四季交替带来的喜悦：春季的郁金香和勿忘草，夏季的观叶植物，秋季的大丽花和百日菊，从秋季开到春季的三色堇……布置好了花坛，就会想要种花，渴望享受四季的园艺乐趣。

〈春〉
杜鹃花
➡ P53 花坛实拍

〈夏~秋〉
百日菊和
香彩雀
➡ P49 花坛实拍

〈夏~秋〉
大丽花和
金光菊
➡ P47 花坛实拍

〈春〉
葡萄风信子和
粉蝶花
→ P35 花坛实拍

〈春~秋〉
玉簪和
红花矾根
→ P20 花坛实拍

〈夏~秋〉
紫薇和五星花
→ P16 花坛实拍

〈春〉
郁金香和
长阶花
→ P33 花坛实拍

〈夏〉
火鹤花和
合果芋
→ P26 花坛实拍

〈秋~春〉
蓝眼菊
→ P36 花坛实拍

花坛的构成

小型花坛制作简单，也便于管理和移栽花草

人们印象中的"花坛"，多半是用灰浆砖瓦砌成，既费时又耗力，所以很多人认为很难自己打造。但是小型花坛即使在狭小的空间里也很容易自己修建——只需摆放好边缘石就可以。家居市场和园艺市场有各种各样的边缘石，只需选择喜欢的颜色和款式，就能打造属于自己的花坛。

在花坛里种植自己喜欢的季节性花卉，能够让庭院的死角焕然一新，变成美丽的花坛。

将庭院死角改造成小型花坛

花坛中心是拥有银色叶子的桉树，周围栽种着多肉植物和大丽花。边缘石是方形花岗岩，花坛前方的碎石让花坛更具韵味。

右图为花坛的设计图

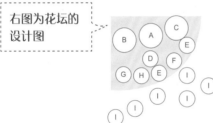

A 多花桉
B 大叶醉鱼草"银色周年"
C 银桦
D 大丽花
E 紫竹梅
F 长药八宝
G 鹤翎花"粉色蓝宝石"
H 七福神
I 日本景天
花坛尺寸/70cm×65cm，高12cm。

花坛构造

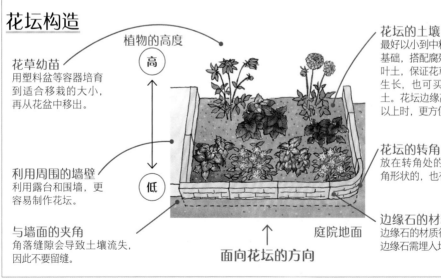

植物的高度

高

低

花草幼苗
用塑料盆等容器培育到适合移栽的大小，再从花盆中移出。

利用周围的墙壁
利用露台和围墙，更容易制作花坛。

与墙面的夹角
角落缝隙会导致土壤流失，因此不要留缝。

面向花坛的方向

庭院地面

花坛的土壤
最好以小到中粒的赤玉土为基础，搭配腐殖质均衡的腐叶土，保证花草的根部茁壮生长，也可买好的培育土。花坛边缘高出土面5cm以上时，更方便浇水。

花坛的转角
放在转角处的边缘石有直角形状的，也有圆弧形的。

边缘石的材料
边缘石的材质很多。砖块和边缘石需埋入地下3~5cm。

实用的工具及
使用方法

建造花坛和培育植物需要合适的工具。选购工具时不能只关注价格和款式，结实好用才是关键。翻土和建造花坛需要大的铁锹。小铁锹更适合狭窄空间内的移栽和翻盆。盆栽铲是移植花草时的必要工具，最好备齐宽窄两种类型的盆栽铲。

修剪枯萎的花朵和枝叶需要刀刃细、重量轻，能够修剪花朵和果实的剪刀。修剪大型花木则可以使用园艺剪刀。

喷壶

盆栽铲（宽）

园艺工具

盆栽铲（窄）

园艺手套

水桶

园艺剪刀

园艺绑绳

园艺长筒靴

铁锹

扫帚

簸箕

锄头

小铁锹

花坛土壤及改良材料

什么样的土壤适合培育植物?

土壤是对植物生长最重要的因素,好的栽培土能够向根部输送适量的水、氧气和养分。判断土壤好坏的基本标准是排水性、保水性和透气性。为了保持良好的排水性和透气性,可添加腐殖质或有机物,如堆肥和腐叶土。许多植物喜欢富含腐殖质、常常翻耕的土壤。

花坛的土壤

如果建造花坛的地方因黏土较多导致排水性差,可以加入腐叶土、赤玉土、珍珠岩等,提升土壤的排水性和透气性。

欧洲的植物大多喜欢碱性土壤,如果土壤原本呈弱酸性,培育这类植物时可以加入镁石灰(译者注:煅烧白云石或白云石灰岩制成的石灰肥料,碱分多,含镁)等中和酸度。

各种土壤及改良材料的种类

赤玉土

培育植物时最基本的土壤,拥有较好的排水性、透气性、保水性、保肥力。分为大粒、中粒和小粒。

鹿沼土

重量轻,排水性、透气性强。酸性土壤。脆弱易崩塌,尽量选择硬度较高的。

泥炭土

由水苔沉积而成,能够使碱性土壤变成酸性。如果种植杜鹃和高丛蓝莓,应选择酸度未经调节的泥炭土。

腐叶土

由阔叶树的落叶堆积发酵而成,混合到移植土壤和花坛土壤中,可提高土壤透气性和活力。

混合培养土

由多种土壤混合而成,初学者也可使用。部分混合培养土中含有肥料。

蛭石

拥有较强的清洁性和保水性。在使用较轻的土壤,如在吊盆中种植植物时可混入其中,也可混在插芽和播种的土壤里。

堆肥

在麦秆和落叶中混入鸡粪和牛粪等物质发酵而成。

石灰

经过加工处理的石灰,可调节酸度。

土壤循环再生材料

向种过组合盆栽的土壤或暂时不栽种植物的土壤中加入循环再生材料，可以使土壤活性化。

椰壳碎片

用碾碎的椰子壳制成的土壤改良材料。椰子壳内部多孔，质地柔软，保水性强。

珍珠岩

由火山岩经过高温烧制而成的多孔土壤改良材料。重量轻，透气性、排水性强。

加入有机物后翻耕土壤

1　好的花坛土壤，保水性、排水性、透气性都很好。因此，先向土壤中加入有机物，然后进行翻耕，深度控制在20～30cm。

2　向花坛中倒入腐叶土，直至覆盖花坛原有的土壤。

3　用铲子将土壤和腐叶土充分拌匀。

4　用锄头平整土地。

幼苗和球根的移植方法

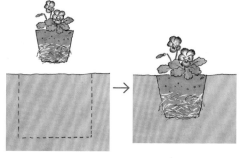

移栽的坑洞需略深、宽于植物根部的土块。

将移栽植物放入坑洞，加入基肥（必要时），然后填土，调整植物的高度，使其根、茎的交界处（植物正常生长时土壤以上靠近地面的部分）贴近地面。

移栽幼苗的方法

　　将植物移栽到花坛中，控制好前后左右的距离。根据各种植物长成后的大小，考虑整体的平衡。从花盆中取出幼苗时，如果其根部已充分生长，需要破坏底部约三分之一的根部，然后再移栽。如果幼苗很小，或其根部没有充分生长，则尽量不要伤到根部。

种植球根的方法

　　大多数秋植球根花卉在秋冬季节生根，在春季发芽、长叶、开花。参考右图，拿起一个球根，埋在土里。注意控制好深度和种植间隔。大丽花等植株较大的植物需要更多生长空间。

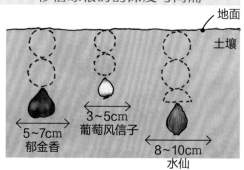

移植球根时的深度与间隔

地面
土壤

5~7cm
郁金香

3~5cm
葡萄风信子

8~10cm
水仙

破坏根部？

根据幼苗从花盆中取出时根部的状态，有时需要破坏植物的根部。

不破坏
根部没有充分生长，非生长期移栽时不需要破坏。

解开上部周围的根，以及下部约1/3的部分。

破坏
如图，土壤周围被白色根部缠绕时，先破坏下方的根部，然后再进行移栽。

花坛种植的基本方法

在花坛中移栽幼苗和球根，播种花种

种植着三色堇和常绿屈曲花的漂亮花坛。春季，郁金香等球根植物开始发芽，粉蝶花也逐渐繁茂。→参见P34

一日完成

1. 除去花坛中的杂草，只留下作为景观树的沙枣和围栏上可爱的铁线莲，然后仔细翻耕土壤。

2. 缺少土壤时，可以加入培养土、缓释肥料和石灰，然后将这些材料与花坛的土壤充分混合。

3. 先将花盆摆在花坛里，确定移栽的位置。

4. 在花坛中挖洞，从盆中取出幼苗，种在花坛中。从花坛后面开始，一行一行地种植，效率更高。

5. 剥去郁金香球根的薄皮，放在选定的位置。确定种植位置后，所有球根的朝向要一致。

6. 从花坛靠后的部分开始，按照郁金香、风信子、葡萄风信子的顺序依次种植。洞穴的深度约为球根直径的2倍。

7. 将粉蝶花的种子和小粒赤玉土装进小瓶中，盖上盖子，充分摇匀。

8. 取下步骤7中的小瓶盖，将种子和土撒在花坛的泥土上。

9. 向花坛中加入足够的水。在幼苗扎根的一周内，切记不能缺水。

不同季节花坛
维护要点

根据季节调整管理措施

在管理花坛的过程中，最重要的是浇水。在不同的季节，温度、湿度，以及植物生长的速度都有所不同，因此，必须根据季节调整浇水的方式。

植物在夏季生长较快，不知不觉就会变得十分茂密，导致枝叶处在闷热环境。间苗、修剪枝叶、保持通风等方法能够让植物茁壮成长。

了解植物的生长周期

三色堇、碧冬茄等一年和二年生的草本植物在开花后就会枯萎。如不做处理，就会影响美观，所以要尽早拔除。

长期种植的多年生草本和宿根植物容易出现根部堵塞，导致植物生长不良。因此，种植两三年后，应将植物挖出并重新种植，能促进新芽生长。

多年生常绿草本植物翻盆的最佳时期是其生长旺盛的时期，即刚开花或开完花一段时间之后。多数宿根植物适合在秋季或早春翻盆。

根据季节适当浇水

基本方法是向植物根部浇水，但在夏季高温期的清晨和傍晚，必须保证水分充足。特别是在傍晚，向植物的枝叶浇水，能够降低植物的温度。冬季每隔几天浇一次水，最佳的浇水时间是早上太阳升起的时候。傍晚浇水会结霜，导致植物冻伤。

开花之后如何处理？

一年生草本植物、两年生草本植物
开完花，结出种子后，不久就枯萎了。

宿根植物、多年生草本植物
开完花后，地面以上部分会枯萎的宿根植物，以及不会枯萎的多年生草本植物。

球根植物
酢浆草和葡萄风信子等小型球根植物可以连续种植数年。

花季结束，不再开花后，将植物挖出。

留下
剪掉枝叶后施肥。

挖出
将整株植物挖出并移入花盆中，直到下一个适合移栽的季节。

留下
施肥，让球根长大，叶子变黄后剪掉茎部。

挖出
施肥，让球根长大，待叶子变黄后挖出。

修剪枝叶，防止闷热

进入梅雨期前，为惧怕夏季高温的植物修剪枝叶，这样植物就能在秋季健康生长。

防止萎蔫，加入稀释后的液肥

对于花期从初夏持续到秋季的植物，如不施肥，则会因暑热而逐渐萎蔫。加入按一定比例稀释的液肥，能够令植物恢复活力。

注意夏季缺水

喜欢水的植物，在夏季高温期更容易缺水，因此要注意早晚多浇水。

扦插生根的鞘蕊花

剪掉鞘蕊花的枝条，享受扦插的乐趣。最佳扦插时间为6~7月。

1 植物茎部大而茂盛，就可以进行扦插了。

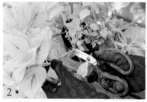

2 剪下枝叶，剪三四枝节即可。

3 将剪下的枝叶放进较深的玻璃杯或其他容器中，加水栽培。

4 将植物放在明亮的窗边，每隔几天换一次水，一周左右就能生根。

5 根部充分生长后，将植物移栽到花盆中。

组合盆栽中的扦插鞘蕊花

翻盆与
季节性方案

按照花期翻盆

如果你想要一个四季开满鲜花的花坛，就多种植一些花期较长的一年生草本植物，这样的花坛会令人心情愉悦。合理搭配宿根植物和彩叶植物，就能打造属于自己的漂亮花坛。

为了降低花坛的维护成本，建议大家以秋季到春季为一个循环，初夏到秋季为一个循环，一年翻盆两次即可。

稍微习惯后，还可以尝试一年翻盆三次，即分为秋季到春季，春季到初夏，初夏到秋季三个周期。

花坛设计的基本要素

首先，决定花坛的外观，能够将这一外观具体化的便是花坛的设计。使用植物设计花坛的三要素是"形状""质感"和"色彩"。合理安排这三个要素，能够让你的花坛变得更漂亮。

不同季节翻盆种植的植物

不同形状的植物

多花素馨

细的、锯齿状的、圆形的、扁平状的植物

拟石莲花属植物

狼尾草

不同质感的植物

矾根属植物

柔软、蓬松、光滑、粗糙的植物

鳞叶菊

鼠尾草

以郁金香、羽衣甘蓝、三色堇等植物为主。

秋季~春季

初夏~秋季

大丽花、香彩雀、五星花、金光菊等。

确定每个季节的主题色以后，
就很容易搭配。

黄色系植物

紫罗兰　　秋海棠

红色系植物

百日菊　　鸡冠花

粉色系植物

五星花　　紫罗兰

白色系植物

大戟属植物　　龙面花

橙色系植物

秋海棠　　菊花

紫色系植物

天芥菜属植物　　龙面花

第二章

在小庭院
和楼房里
造花坛

将市场上常见的边缘石、砖瓦,
以及建材市场出售的经济实惠的
石材组合起来,打造小花坛。
让庭院的角落开满鲜花。

30分钟打造极简花坛

只需将数个枕木风格的边缘石组合在一起

这种花坛人人都能轻松搭建，只需使用枕木风格的混凝土制三联边缘石就可以，适合搭配日式或欧式的装修风格。

这种花坛没有木质栏杆带来的老化和白蚁问题，30分钟即可完工。边缘石本身具有一定的高度，根据摆放位置的不同，可埋进土里，也可用水泥固定。

边缘石使用起来十分方便，在幼苗长大后，可以随时扩大花坛的边缘或改变花坛的形状。

花坛边缘石！
混凝土材质的边缘石具有一定的重量，只需摆放在平坦的地方就能建成花坛。

建成后
利用色彩缤纷的花草和彩叶灌木来装饰花坛。

建成前

东北角的后门附近，木栅栏前方的死角。

一日完成

＊花坛边缘

1 将花坛内的杂草和枯萎的植物连根拔掉。

2 用锄头等工具轻轻平整土地。

3 将土地表面踩平，尤其是摆放边缘石的部分，土壤不能太松。

4 摆放边缘石。

5 调整位置，两块边缘石之间以及边缘石与墙壁之间不能留下空隙。

6 花坛边缘部分完成。不紧不慢，最多也只需要30分钟。

＊ 花坛的土壤

1 向花坛中加入培养土，使花坛中的土高出周围地面5~10cm，可使用循环再生土壤（译者注：用厨余垃圾等循环再生材料配制的植物栽培用土）。

2 使用循环再生土壤或花坛里的土壤变硬时，可以在步骤1中向土壤里加入循环再生材料。

3 使用循环再生土壤或暂时不栽种植物时，可以撒上能够控制土壤酸碱度的石灰，直到土壤表面呈现出淡淡的白色。

4 用铲子翻耕土壤，深度控制在30cm左右。一边加入循环再生材料和镁石灰，一边搅拌均匀。

5 平整土壤，将后侧的土壤垫高。

6 花坛和土壤部分完成！

木制围栏前的枕木风格花坛。

＊ 栽种花苗　移植时间 8月下旬~10月

1 将喜欢的植物连同花盆一起放在花坛中，分配好位置。将较高的植物摆放在后侧，较矮的植物摆放在前侧。

A 紫薇"紫叶粉白花"
B 秋牡丹"丰花"
C 花叶锦带花"白雪"
D 长叶木藜芦"彩虹"
E 马提尼大戟"彩虹"
F 兰香草"阁蓝"
G 五星花"粉红"
H 五星花"蓝色"

花坛尺寸/88cm×45cm、高25cm。

2 从后侧最大的植物幼苗开始栽种，挖一个比植物根部土块大一圈的坑。

3 将幼苗从花盆中取出，检查根部的状态，清除损坏的部分。

4 将幼苗插入挖好的坑中，从左右两侧填土，轻轻压实根部周围的土壤，使幼苗根部原有的土壤与花坛中的土壤充分混合在一起。

5 用同样的方法，从花坛后侧开始移植其他幼苗。

6 清扫花坛周围掉落的垃圾和落叶。

7 慢慢向幼苗根部浇水，分几次完成，让植物保持水分充足。

1小时打造
简约花坛

将方形石头摆成两层，再铺上碎石装饰

　　这是一个用建材市场中常见的方形石头制成的花坛。方形石有黑色、灰色、米色等颜色，根据石材的颜色和质感可以搭配出西式、日式、东南亚等多种不同风格。相比起同样大小的石材，大小不一的石块反而更有魅力。只需挖好坑，将石块固定就能完成，自由度很高，可以随时调整。

　　在周围铺上碎石，种植景天科多肉植物，更能衬托出花坛的美感，也显得更加专业。

花坛边缘石！

用花岗岩等石材切割成的大小相等的方形。最常见的两种类型为长、宽、高均为9cm的石块，以及长边为18cm的石块。

粉碎后的岩石碎块，推荐使用米色等自然色。

建成前

院子东北角的空间。

建成后

明亮的米黄色边缘石和碎石围成的低维护花坛。

一日完成

* 花坛的边缘

1 拔掉杂草和枯萎的植物，平整土地。用盆栽铲挖出宽度约为3cm深的沟，尽量让拐角处的弧线平滑。

2 摆放石材，尽量让石材的边缘贴紧墙面，这样一来，花坛中的土不易漏出。依次摆放好第一层。

3 调整位置，避免石材与石材之间出现空隙，向石材间的缝隙中填土，使其固定。

4 第一层完成。空间不够、无法摆放较长的石材时，可以替换成一半大小的石材。

5 摆放第二层。注意将石材的接缝处与第一层的错开。

6 花坛边缘部分完成。最多也只需要1个小时。

用铲子翻耕土壤，深度控制在30cm左右。如果之前长期没有种植，土壤会变得坚硬且贫瘠，排水性也会随之变差。

为了提高土壤活性，在进行步骤1的过程中，向土壤中加入足够的循环再生材料。

加入堆肥和培养土，使花坛中的土高出周围地面土壤5～10cm。

用铁锹均匀翻耕土壤。

平整土壤，将后侧的土壤垫高。

院落一角，方形边缘石围成的花坛。

A 多花桉
B 大叶醉鱼草"银色周年"
C 银桦
D 大丽花
E 紫竹梅
F 长药八宝
G 鹤翎花"粉色蓝宝石"
H 七福神
I 日本景天

花坛尺寸/70cm×65cm、高12cm。

先将喜欢的植物连同花盆一起放在花坛中，分配好位置。将较高的植物摆放在花坛后侧，较矮的植物摆放在前侧。

从后侧最大的植物幼苗开始栽种，挖一个比花植物根部的土块大一圈的坑。

将幼苗从花盆中取出，检查根部的状态，根据枝叶决定种植的方向，然后将幼苗插进坑中。

从左右两侧填土，轻轻压实根部周围的土壤，使幼苗根部原有的土壤与花坛中的泥土充分混合在一起。

以同样的方法，在桉树周围种植后排的植物。

种植前排的植物幼苗。将叶子较大的植物种在边缘石附近，让植物叶子垂向花坛外侧，营造出自然的氛围。

移除桉树幼苗的临时支撑柱，换上更粗更结实的支撑柱。用两根柱子夹住幼苗，然后用麻绳捆绑固定。

在边缘石外侧铺上米色碎石。

将碎石铺开，保持均匀的厚度，并保持碎石与边缘石之间的距离。

挪开几处的碎石，挖出直径5cm、深3cm的洞穴。

在步骤10挖出的洞中种植景天科多肉植物的幼苗，注意不要摆成一条直线。

慢慢地向幼苗根部浇水，分几次完成，让植物保持水分充足。

粗糙石块堆成的 小花坛

花坛边缘石!
熔岩石属于多孔岩石, 重量轻, 方便使用, 可以按照自己的喜好自由摆放。

熔岩石花坛, 简单又美观

用熔岩石制成的岩石花园风格花坛, 制作简单, 美观大方。熔岩石特别适合阴凉、半阴凉, 以及排水性差的地方, 使用多孔、排水性强、透气性好的熔岩石建造花坛, 有利于植物生长。

另外, 这种半阴凉、岩石花园风格的花坛很适合叶子在光照过强时会长斑的植物, 如玉簪、荷包牡丹、圣诞玫瑰等。

建成后

移栽了玉簪、荷包牡丹, 利用彩叶植物打造出色彩斑斓的花坛。

建成前

朝北的角落, 与邻居家的交界处, 围栏前的狭小空间。周围也摆放了熔岩石作为景观石。

一日完成

*幼苗的移栽、花坛的边缘和土壤

1 将原本种植在光照充足地方的玉簪、荷包牡丹、圣诞玫瑰移栽到半阴凉的花坛中。用盆栽铲将植物挖出, 临时种植在花盆中, 挖取植物时注意不要伤到根部。

2 拔掉花坛里的杂草和枯萎的植物。

3 摆放熔岩石。将熔岩石立着插进土中, 更容易固定。

4 向花坛中加入培养土, 使花坛中的土高出周围土壤5~10cm。

5 平整土壤, 将花坛后侧的土壤垫高。

花坛和土壤部分完成!

6 原有水泥墙的前方, 用熔岩石建成的自然风格花坛。

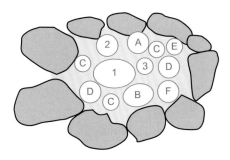

1　玉簪"铃鼓"
2　荷包牡丹
3　圣诞玫瑰"新金叶"
A　"六月雪"
B　矾根"朱砂银"
C　麦冬"黑龙"
D　日本蹄盖蕨"银锡边"
E　紫金牛"三保之松"
F　亚洲络石
1~3 移栽植物 A~F 新的花苗

花坛尺寸/75cm×60cm，高18cm。

先将喜欢的植物连同花盆一起放在花坛中，分配好位置。将较高的植物摆放在花坛后侧，较矮的植物摆放在前侧。注意不要将焦点植物摆在一条直线上。

首先栽种幼苗，将幼苗从花盆中取出，先将较大的幼苗种在花坛后侧。

用盆栽铲挖一个比花植物根部的土块大一圈的坑。

将幼苗插进洞中，从左右两侧填土，轻轻压实根部周围的土壤，使幼苗根部原有土壤与花坛中的泥土充分混合在一起。

从后向前，以同样的方法栽种其他幼苗。

栽种临时种在花盆里的幼苗。挖一个比植物根部的土块大一圈的坑。

轻轻将幼苗从花盆中取出。检查植物的根部，去除受损伤部位。

确认幼苗的生长方向，将幼苗插进坑中，然后从左右两侧填土，轻轻压实根部周围的土壤，使幼苗根部原有的土壤与花坛中的泥土充分混合。

移栽后的管理

植物扎根之前的1周内不能缺水。浇水时，应慢慢向幼苗的根部浇水。春季和秋季可以适当施肥。

21

在露台和阳台搭建花坛

花坛边缘石！
切除边角、颜色浓淡不均，带有细小裂纹的古董风格砖块，相比完整的砖块更有韵味。

只需在矮砖围成的花坛中摆放花盆

无须使用灰浆施工的简易风格花坛，只需摆放三层砖块即可。重点是使用复古风格的砖块，将完整的砖块与半块砖错开摆放。

花坛中不填土，只摆放盆栽和盆苗。底部铺上栽培蔬菜时使用的黑色覆盖物，再用椰子壳碎片覆盖，植物看上去就像是种在土里一样。

只需在不同的季节更换盆苗，就能营造出不同的氛围。

建成后
在砖块围成的花坛中摆放盆苗。拆除时也很方便。

建成前
玄关前的门廊角落，位于通道正面，十分显眼。

一日完成

* 花坛的边缘

1 有效利用左右两边的墙壁，摆放砖块时会更加方便。图中为摆好的第一层。

2 在第一层的上方摆放第二层。先放半块砖，这样就能使砖块间的缝隙与第一层错开。

3 第二层摆放完成。调整砖块的位置，摆放均匀。

4 在第二层的上方摆放第三层砖，注意错开两层砖块间的缝隙。

5 摆完第三层，花坛的边缘部分就完成了。门廊边复古风格红砖花坛完成！耗时0.5~1小时。

*种植花苗　种植时期 9月中旬~11月

1　先将植物连同花盆一起放在花坛中，分配好盆栽的位置。将较高的植物摆放在花坛后侧，较矮的植物摆放在前侧。

2　在花坛中铺上栽培蔬菜时使用的黑色覆盖物，确保花坛后侧的角落与外侧的边缘石处于同一高度。

 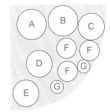

黑色覆盖物

铺上黑色覆盖物，方便加入步骤10中的椰子壳。

```
        A   B   C
          F   F
        D       G
          F
            G
        E
```

A　枸子状秋叶果
B　银桦"琥珀螃蟹"
C　圆叶薄荷
D　莫纳薰衣草
E　多花素馨"菲奥娜日出"
F　紫罗兰"婴儿白"
G　天山蜡菊"银雪"

花坛尺寸/80cm×50cm，高18cm。

3　用剪刀剪掉砖瓦一侧多余的覆盖物。最终还需要剪掉多余的覆盖物，因此在这一步，只要保证覆盖物不影响接下来的工作即可。

4　用剪刀在最里侧的黑色覆盖物上剪出五六个洞，注意不要撕裂。

5　将最大的花苗摆放在后侧。将黑色覆盖物拉到花盆边，覆盖住花盆边缘。

6　继续布置后侧的花苗。在花盆底下垫砖块，让花盆与步骤5中的花盆保持同一高度。

7　继续布置后侧的花苗，注意控制花盆的高度在同一水平线。

8　接着布置中间的花苗。在小型盆苗下面垫两三个半块砖。

9　布置完中间和前排的花盆后，可以站在远处观察，然后调整不满意的地方。

椰子壳碎片

10　将椰子壳碎片混入培养土中，放在黑色覆盖物上，位置稍稍低于边缘的砖瓦，以便遮挡花盆。

11　用剪刀慢慢地剪掉花坛边缘多余的黑色覆盖物，再将掉落在周围的垃圾和椰子壳碎片打扫干净。

*保持花坛干净整洁的诀窍

花坛中没有土，因此重点在于如何浇水，保持花盆水分充足。浇水时可以分成几次，慢慢地向每个花盆中浇水，让植物保持充足的水分。

23

多肉植物打造的干燥风格花坛

石头小山风格花坛，在缝隙中摆放多肉植物

干燥花园风格的花坛，模拟出多肉植物在沙漠的岩石堆中自然生长的样子，在石头中间布置多肉植物。

将植物分成三组，将制作景观的长叶子植物和耐寒性强的多肉植物从盆中取出，直接栽种到花坛中，将耐寒性弱的多肉植物种在花盆里，摆放在花坛中，在霜降之前将花盆移出，换上长生草属和景天属等耐寒性的植物，享受花坛植物随季节变化的乐趣。

花坛边缘石！
白色石灰岩最适合打造白色沙漠风。只需围在一起就能建成花坛。

建成后
用白色石灰岩和多肉植物打造的原生干燥风格花坛。

建成前

面朝南方的通风场所。光照充足，花草容易缺水。

一日完成

花坛的边缘和土壤

1 在土壤里加入珍珠岩颗粒，有利于改善土壤的排水性。

2 向步骤1中的土壤中撒入缓释肥料。多肉植物不需要过多施肥，因此只需加入少量肥料。

3 轻轻平整土壤。

4 摆放石灰石，围成小山的形状，用培育多肉植物的土壤填满空隙并固定。

5 从花盆中挖出景天属植物，种在外侧的石头间，注意防止土壤崩塌。花坛边缘和土壤部分完成。

24

将喜欢的植物连同花盆一起摆放在花坛中，确定好位置。根据岩石缝隙的大小，随机布局更有氛围感。

种植长叶子植物

1 在小山中心栽种长叶子植物。挖一个比植物根部的土块大一圈的坑。

2 将幼苗从花盆中挖出，确定植物的生长方向，然后将植物插进坑中。

3 从左右两侧填土，轻轻压实根部周围的土壤，使幼苗根部原有的土壤与花坛中的泥土充分混合。长叶子植物是花坛的焦点。

种植顽强的多肉植物

1 选择具有一定耐寒性和耐暑性的多肉植物，将多肉植物从花盆中挖出。

2 挖一个比植物根部的土块大一圈的坑，确定好植物的生长方向，然后将植物放进坑中，从左右两侧填土。

3 以同样的方法挖出其他多肉植物，种在花坛中。

布置耐寒性弱的多肉植物

1 将耐寒性弱的多肉植物连同花盆一起放在花坛中。用剪刀剪掉花盆边缘2~3cm，以辅助植物生长，美化花坛。

2 挖一个比花盆稍大的坑，将步骤1中的花盆埋进坑中。

a 朱蕉"红星"
1 胧月莲
2 小球玫瑰
3 佛甲草
4 七福神
5 薄雪万年草
6 日本景天
7 黄金丸叶万年草
A 褐斑伽蓝
B 箭叶菊
C 福兔耳
D 紫珍珠
E 多肉植物"姬胧月"

a为长叶子植物、1~7为种在土里的多肉植物、A~E为种在花盆里的多肉植物。

花坛尺寸/130cm×80cm，高15cm。

不适合地栽的多肉植物

上图A~E的多肉植物不适合直接种在地里，可以种在花盆里，霜降前移入室内或屋檐下。关于适合直接种在地里的植物，请参考P54的专栏2。

＊拟石莲花属（七福神除外）
＊千里光属
＊伽蓝菜属
＊青锁龙属
＊银波锦属
＊星美人属
＊树马齿苋属
＊十二卷属

完成花坛的布置

鹿沼土

1 在花坛的土壤上撒一层鹿沼土，提升花坛外观美感。

2 用扫帚将岩石上的鹿沼土均匀地扫到缝隙中。

3 慢慢向植物根部浇水，注意不要冲散鹿沼土，分几次完成，让植物保持水分充足。

开满观叶植物的
夏季花坛

观叶植物连盆种在花坛中

夏季，人们往往懒得出门，也懒得每日给植物浇水。与其每天强迫自己去做园艺，不如种植不惧酷暑的观叶植物，打造漂亮的低维护花坛。以火鹤花和合果芋作为主要植物，会给人一种度假胜地的感觉。

到了秋季，不必再顶着酷暑去做园艺时，可以将观叶植物连同花盆一起挪走，十分方便。如果观叶植物长势良好，可以将盆栽放进室内。

花坛盆苗！
赤红的火鹤花苞，拥有渐进色的清爽合果芋，色彩艳丽的木耳菜，以及盆栽植物马刺花。

建成后

修剪得整整齐齐的银叶艾，以及以观叶植物为主的夏日风格花坛。

建成前

横向狭长的花坛中生长着过去种植的灌木和彩叶植物，以及长势过旺、已经铺在地上的银叶艾。

一日完成

*** 临时布置和预先准备　种植时期 5月下旬~9月上旬**

1 临时布置幼苗，确定摆放的位置。尝试摆放焦点植物火鹤花和大株的马刺花。

2 摆放颜色淡淡的合果芋，然后再摆放带有斑点的木耳菜。

3 确定了植物的位置后就可以开始修剪枝叶，将过多的植物分株，保证整体平衡。

为了美观，也为了让观叶植物适度生长，并且在秋天能够轻松地从盆中挖出，需要在花盆上下一番功夫。

1. 火鹤花的盆苗种在塑料花盆中。

2. 先将花苗从盆中取出，用剪刀将花盆边缘大约3cm的部分剪掉。

3. 将花苗插入剪掉边缘的花盆中。这样一来，花坛的土壤就能遮挡住花盆边缘。

1 火鹤花"红色冠军"
2 合果芋"霓虹"
3 木耳菜"紫色雷霆"
4 莫纳薰衣草
A 枸子状秋叶果
B 瑞香"前岛"
C 女王"郁金"
D 银叶艾"莫里斯斑点"

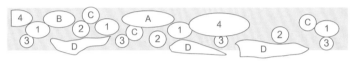

1~4为盆栽观叶植物、A~D为5月上旬开始种植的植物。 花坛尺寸/190cm×30cm，高27cm。

* 栽种盆苗

首先栽种重点植物——火鹤花。挖一个比花苗根部的土块大一圈的坑。

以同样的方法种植合果芋、斑点木耳菜和莫纳薰衣草。

将剪掉边缘的花盆放入挖好的坑中，然后左右转动花盆，让花苗最漂亮的一面朝向花坛外侧。

从左右两侧填土，轻轻压实根部周围的土壤，保证花盆的高度与花坛土壤的高度一致。

* 浇水的要点

在幼苗生根前的一周，向花盆中勤浇水，保持幼苗根部水分充足。

秋意满满的花坛

花坛边缘石！
混凝土制造的边缘石，只需摆在平坦的地方就能建成花坛。种类丰富，拥有不同颜色、长度、曲度，以及适合摆放在拐角的类型。

用市售的模拟石材打造英式花坛

只需将模拟英式花园时常用的科茨沃尔德石块组合在一起，就能打造出精美的花坛。用直的、弯的，以及适合摆放在角落的石材营造出石头堆叠在一起的印象，简单地埋在土里，就能完成组装。

这里要介绍的是适合在9月上旬到11月欣赏的花坛，这个季节气温下降，植物的生长速度缓慢，因此，缩小花苗之间的空隙，就能种植大量花卉。最好在霜降前，移植能够生长到春季的植物。（*科茨沃尔德石是英国的科茨沃尔德出产的石材。）

建成后
栽满大丽花、百日菊、鸡冠花等漂亮的秋季花卉的花坛。

建成前
南向的建筑前方，夹在建筑和平台之间的狭小空间。

一日完成

*花坛边缘和准备工作

1 拔掉杂草和枯萎的植物，平整土壤。由于长时间没有种植物，先在土壤表面均匀地撒一层石灰。

2 用铲子均匀翻耕土壤，深度控制在20cm左右。

3 在摆放边缘石的位置挖5cm深的坑，将边缘石的一端与平台对齐。

4 在转角处摆放弯曲的边缘石。

5 用土壤填埋边缘石的内外侧，将其固定。

6 将边缘石的另一侧与建筑物的墙壁相连，填埋土壤固定。

7 沿平台摆放边缘石，用土壤填埋内侧，将其固定。

8 调整边缘石的位置，保证两块边缘石之间，以及边缘石与后侧墙壁之间没有空隙。花坛的边缘部分就完成了。

* 花坛的土壤

1. 向花坛中加入花卉培养土，使花坛中的土高出周围土壤5~10cm，可使用循环再生土壤。

2. 使用循环再生土壤或花坛里的土壤变硬时，可以在步骤1中向土壤里加入循环再生材料。

3. 用铲子翻耕土壤，深度控制在30cm左右，然后加入循环再生材料，搅拌均匀。

4. 平整土壤，将花坛后侧的土壤垫高。

5. **花坛的土壤部分制作完成**

平台和建筑物夹角处的英式花坛。

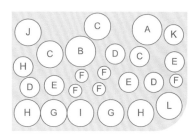

A 大丽花"紫水晶球"
B 大丽花"悲恋"
C 鼠尾草"感觉"
D 紫杯苋
E 五星花"涂鸦粉"
F 鸡冠花"亚洲花园"
G 矾菊
H 四季秋海棠
I 小百日草"樱桃"
J 银桦
K 白鼠尾草
L 澳洲迷迭香

花坛尺寸/100cm×70cm，高12cm。

* 种植花苗　种植时期9月上旬~10月

1. 将植物连同花盆一起摆在花坛中，确定种植的位置。将较高的植物摆在花坛后侧，较矮的摆在前侧。

2. 先种植花坛最后方已经开花的大丽花。将花苗从花盆中挖出，如有伤痕，则需事先去除。

3. 在花坛中挖一个比花苗根部土块大一圈的坑。

4. 将花苗插进坑中，从左右两侧填土，轻轻压实根部周围的土壤，让植物根部的土壤与花坛中的土壤充分混合在一起。

5. 以同样的方法栽种其他花苗，图中是花坛最后一排栽种完成的样子。

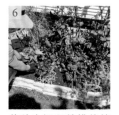

6. 栽种中间和前排的植物，从后向前栽种。

7. 花苗全部栽种完成后，如果土壤不够，植物根部露出，可再加入花卉培养土。

慢慢向植物根部浇水。分几次完成，保持水分充足。

8.

各种花坛边缘石材料

提起花坛的边缘石，很多人会想到砖块。但是，市场上有许多既简单又美观的边缘石材料，大家可以根据不同的用途和外观来寻找合适的边缘石。

此外，在花坛周围铺上砂石或碎石，不仅能够保持边缘石整洁，还能提升花坛的美观度。

边缘石材料

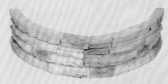

混凝土制的边缘石，看上去像是堆放在一起的科茨沃尔德石。

混凝土制的枕木风格边缘石，像是连在一起的高低错落的枕木。

用钢丝连在一起烧杉板，可埋在土壤里固定。

塑料制的仿木边缘石。外观类似于矮栅栏，使用时将它们连在一起插进土壤中。

种类繁多的砖块，有红褐色、带棱角的，也有仿古风格。

由大理石等石材切割而成的方形石块。自由度高、颜色和质感变化丰富。

熔岩石和碎石是由天然岩石切割而成的，不同的颜色和质感能给人带来不同的印象。

花坛周围的碎石

粉碎后的天然大理石碎块，素雅的米色和白色碎石混合在一起。

切除边角的大块圆形砾石，适合在日式花坛周围和略显庄重的环境中使用。

明亮的黄色大理石切割而成的，带有棱角的碎石，给人现代的印象。

粉碎后的碎石状瓦块碎片，适合日式和西式风格。

第三章

开满鲜花的
花坛

建成花坛后就会想:

"接下来该种些什么植物呢?"

根据花坛所在的场所和季节,

参考丰富的案例,

试着种植各种各样的植物吧。

请务必参考配置图和植物的搭配方法。

用花草装饰球根
植物和灌木

种植时期	●	10~11月
观赏时期	●	10月~次年4月

以花期长的植物为主，打造从秋天赏玩到春天的漂亮花坛

　　如果你想拥有一个能够长期赏玩的花坛，那么可以在秋季种植幼苗。为了打造与众不同的花坛，可以尝试春季的郁金香球根和灌木植物的组合。

　　如果只种植三色堇等一年生草本植物和春季开花的球根植物，就必须在初夏——一年生草本植物的花期结束时，更换花坛中的植物。虽然更换植物能够改变花坛的氛围，但在植物长大前，花坛难免显得有些荒凉寂寞。

　　因此，栽种拥有漂亮叶子的常绿灌木，能够保证花坛的结构，增加美感，带来层次和变化。灌木可以保留到第二年，生长过旺时，可以为其修剪枝叶，或者根据周围的环境种植合适的植物，以便长期欣赏。每年新种植一年生草本植物和球根植物，感受四季的变化。

郁金香 "银云"
深浅不一的粉色中略带灰色，茎部呈褐色。

郁金香 "黑色鹦鹉"
近乎黑色的暗紫色，花瓣边缘有很深的缺口。

郁金香 "天窗"
粉紫色，特征是花瓣处带有流苏。

郁金香 "皇冠"
起伏的奶油黄色花瓣像王冠一样。

长阶花 "碎心者"
叶子边缘带有白色斑点，嫩芽和红叶会逐渐变成粉色。

金头鼠曲草 "维尼熊"
拥有银色的叶子和可爱的黄色圆形小花，生命力顽强。

大花三色堇
主色为玫瑰粉，边缘较宽的区域带有颜色，花朵直径为5~8cm，中心呈黄色。

矾根 "佐治亚紫红"
略带银色的紫红色叶子，盛开出粉红色的小花。

重瓣紫罗兰 "复古紫丁香"
紫粉色的重瓣花，银色的叶子也很有魅力。

＊图片中的图标🌰表示球根植物、🌿表示灌木植物。

4月
下旬

11月
中旬

花坛的主色调由粉色变成紫色，紫罗兰和金头鼠曲草的银色叶子十分相称。长阶花起到点缀的作用。

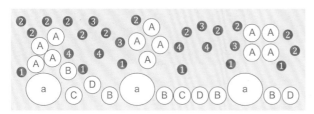

* 配置图中的❶～表示球根，a～表示灌木，A～表示其他花草。

从富有跃动感的粉色
逐渐变成紫色

花草繁茂，郁金香盛开之时彰显华丽。
奶油黄色的郁金香和金头鼠曲草的黄花散发着生机与活力，前排的长阶花让花坛里的植物显得更加繁茂。

❶郁金香"皇冠"
❷郁金香"天窗"
❸郁金香"黑色鹦鹉"
❹郁金香"银云"
a 长阶花"碎心者"
A 重瓣紫罗兰"复古紫丁香"
B 大花三色堇
C 矾根"佐治亚紫红"
D 金头鼠曲草"维尼熊"

在社交平台上分享植物的成长记录

种植时期	●	10～11月
观赏时期	●	10月～次年4月

郁金香
"白色旗帜"

葡萄风信子
"笑容"

风信子
"蓝色夹克"

粉蝶花

秋季种植的球根植物和花草一齐盛开

要想欣赏郁金香、水仙、风信子等春季的球根花卉，就要在秋天制订并实施种植计划。

只在花坛里种植球根花卉，在春季到来前不免有些荒凉，因此可以在秋季种植三色堇、屈曲花和银叶菊等植物。另外，可以播撒粉蝶花、勿忘草等容易成活的植物种子，近距离欣赏嫩芽从球根和种子中伸出时令人欣喜的一幕。

多数郁金香都是一茎一花，因此在小花坛或花盆里种植时，球根间隔不能太大。栽种时，如果球根的生长方向保持一致，那么新长出的叶子也会朝着同一方向，即使空间狭小，也显得十分精致美观。

另外，可以尝试蓝色系、黄色系、粉色系等颜色搭配，植物开花后，就能在社交软件上分享漂亮的照片。

浪漫的粉色花园
在前排种植可爱的粉色银莲花和深浅不同的粉色系三色堇，后排种植带有斑点的金鱼草，彰显色调差异。细微的色彩变化是其魅力所在。

俏皮的黄色花园
森林郁金香原种和葡萄风信子"金色香氛"搭配铜色叶子和带斑点的叶子，打造俏皮的黄色花园。

刚种下时略显荒凉，三色堇已经开始生长。

蓝色海洋花园

蓝色的花象征大海，白色
的则象征浪花。
由于选择了较好的品种，
让这道靓丽的风景线持续
了半月之久。
*种植方法参考P9。

❶ 郁金香"白色旗帜"
❷ 风信子"蓝色夹克"
❸ 葡萄风信子"笑容"
　 种子 粉蝶花
（ 　部分播撒种子）
A 常绿屈曲花
B 三色堇"奥赛罗蓝"
C 蜡菊"银雪"
D 铁线莲
E 沙枣
花坛尺寸/110cm×65cm，高37cm。

蓝眼菊花坛

种植时期	10~11月、2~3月
观赏时期	10~11月、2~5月

4~5月

选择浅色调和半重瓣品种

育种进展惊人，色泽和花形变化丰富的蓝眼菊。具有耐寒性、花期长等特点，适合在冬季到春季期间种植。

最新的浅色品种很适合与其他植物搭配。另外，在没有种植花卉的时期，叶子有斑点的品种可以代替彩叶植物。浅色调的重瓣和半重瓣品种非常可爱，可以成为花坛里的主角。鲜艳得让人眼前一亮的重瓣品种是花坛中最显眼的植物。

栽培的诀窍是做好排水，蓝眼菊不喜欢过于潮湿的环境，因此要种植在排水性好的土壤里，同时勤于摘花。另外，为了能开出更多的花，平均每月须施肥一次。

蓝眼菊适合与花期为春季到冬季的三色堇、屈曲花、紫罗兰、糖芥、报春花、龙面花等植物一同种植，也可以搭配矾根等彩叶植物和草类植物。种植时应避开木茼蒿、金盏花等花形相似的植物。

**蓝眼菊
"双风扇"**

开花后逐渐变成杏色的半重瓣品种。

**蓝眼菊
"交响曲"**

呈现出灿灿的黄金色的重瓣品种。

以暖色系花卉为主，用蓝色系花卉和细小叶子做点缀的花坛

暖色系蓝眼菊和矾根的大叶子散发出温暖的气息。
以婆婆纳的蓝色小花作为点缀，披碱草的细长叶子凸显出变化。

A 蓝眼菊"双重快乐"
B 蓝眼菊"交响曲"
C 三色堇"粉色"
D 山桃草"小彩虹"
E 婆婆纳"阿兹特克金"
F 矾根"甜樱桃蜜瓒"
G 蓝滨麦
H 三色堇"紫色"
花坛尺寸/110cm×37cm。

在砖瓦花坛中
感受春意

种植时期	● 10~11月
观赏时期	● 10月~次年4月

若松直子

从秋季开到春季的花草和
郁金香、水仙的组合

　　我以前在公寓里种盆栽。23年前搬家后，为了保持草坪和庭院树木整洁，我只栽种了三色堇，觉得十分单调。一次偶然的机会，在经过自然园的大棚时，我被五颜六色的花草吸引，萌生了"将多种花草组合，种在一起"的想法，于是我们开始商量具体的种植方案。

　　午后，阳光明媚。在玄关前方的砖瓦花坛中种植花草和球根植物前，先将庭院的树木和过去种植的宿根草的根部处理干净，然后加入充足的腐叶土，仔细翻耕，改良花坛的土壤。

　　为了映衬作为背景的皋月杜鹃的树篱，以黄色系三色堇和紫色郁金香为主色调，然后播撒能够搭配一切的蓝色粉蝶花种子。到了秋季，鲜花都开了，非常艳丽，真庆幸自己做了这样的决定。

**郁金香
"蓝色钻石"**

深浅不一的紫色，分量十足的重瓣品种。

**郁金香
"清咖啡"**

略带茶色的暗紫色单瓣品种。剪下的花朵能够长时间保持新鲜。

**郁金香
"黄绿"**

奶油色的花瓣底部，凸显出绿色的纹理。

**郁金香
"大猩猩"**

暗紫色，花瓣边缘带有流苏一样的缺口。

**水仙
"早熟"**

橘色的杯状花朵，优雅的褶边是其魅力所在。

**水仙
"塔希提"**

黄色重瓣花，中心呈橘色。结实且花期较长。

粉蝶花

粉蝶花的代表种，别称喜林草。底部为白色，花朵直径约为2cm。

若松直子："虽然我没有多少种植花草的经验，但尝试后收获了许多乐趣。"

4月
上旬

10月
中旬

过去用砖瓦围成的
花坛，种植着百子
莲、剪秋罗、药用
鼠尾草，不久前又
栽种了矾根。

11月
中旬

改良花坛的土壤，种
植了花草、球根植物
和灌木。除了冬季盛
开的三色堇，还有许
多彩叶植物。

用紫色衬托黄色系和蓝色系的春之花坛

三色堇的黄色与粉蝶花的蓝色形成对比。
以紫色系的重瓣和流苏、暗紫色的郁金香作为
陪衬，搭配水仙，更显华丽。

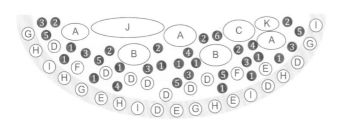

❶ 郁金香"蓝色钻石"
❷ 郁金香"春绿"
❸ 郁金香"清咖啡"
❹ 郁金香"大猩猩"
❺ 水仙"早熟"
❻ 水仙"塔希提"
　种子 粉蝶花
A 日本茵芋"白色手套"
B 茜草"咖啡"
C 毛剪秋罗
D 三色堇"柠檬水"
E 三色堇"芒果"
F 三色堇"菠萝"
G 银叶菊"银鱼"
H 屈曲花
I 矾根"甜黑莓馅饼"
J 百子莲
K 墨西哥鼠尾草

花坛尺寸/250cm×120cm，高10cm。

重瓣郁金香花坛

种植时期	●	10~11月
观赏时期	●	10月~次年4月

齐藤露美子

"从房间里能够清楚地看到花坛，因此想在这里种植自己喜欢的颜色的花朵。"

郁金香"皇家土地"

温柔且豪华的紫红色重瓣花。

水仙"桃子&奶油"

较大的杯型花朵朝下盛开。

粉蝶花

晚秋播种，春季就能开出可爱的蓝色花朵。

花期持续到第二年，可以日日观赏

自从22年前搬到这里，我就开始做园艺了。我喜欢组合盆栽植物，每个季节都会在玄关等处摆放盆栽，但随着工作越来越忙，我逐渐放弃了。我在院子里用砖瓦布置了花坛，从房间里也能清楚地看到，有时会买来喜欢的花苗，种在花坛里，但由于没有系统的规划，一直没能种满整个花坛。

好不容易在每天都能看到的地方布置了花坛，如果不栽种植物，岂不是白白浪费了时间和精力！相比盆栽植物，花坛里的花卉一旦生根就不用经常浇水，这样一来，工作再忙也没有关系。我受到了鼓励，开始种植植物。我抱着"能够长期观赏颜色漂亮的和蓝色系的花朵"的希望，打造了能够从秋季观赏到春季的花坛，秋季用三色堇搭配紫罗兰和彩叶植物的组合，春季用水仙搭配别致的紫色郁金香。

临近春季，粉蝶花发芽生长的样子，以及郁金香和水仙盛开的样子，惹人怜爱，每天的变化都令人期待。其中，别致的紫红色重瓣郁金香的花朵可以绽放很长时间，也很漂亮，我真的非常开心。

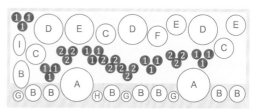

❶ 郁金香"皇家土地"
❷ 水仙"桃子&奶油"
　　种子 粉蝶花
A 三色堇"古风紫红"
B 三色堇"水晶美人鱼"
C 蜡菊"银雪"
D 紫罗兰"婴儿粉"
E 金鱼草"黑王子"
F 金鱼草"劲舞皇后"
G 姬星美人
H 小球玫瑰
I 芍药

花坛尺寸/250cm×100cm，高5cm。

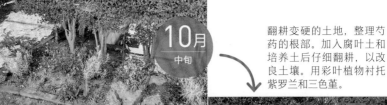

低平的砖瓦花坛里种植着日本吊钟花，在这里能够享受半日阳光。花坛里还有以前种植的芍药和蜡菊等植物。

10月 中旬

翻耕变硬的土地，整理芍药的根部。加入腐叶土和培养土后仔细翻耕，以改良土壤。用彩叶植物衬托紫罗兰和三色堇。

11月 中旬

黄色和蓝色衬托下的渐变红色，颜色组合十分华丽

以重瓣郁金香为主角，搭配三色堇、金鱼草、紫罗兰，衬托渐变红色。

以水仙和三色堇的黄色为衬托，用粉蝶花挡住裸露的土壤。

4月 上旬

41

彩叶植物映衬下的郁金香

种植时期	●	10~11月
观赏时期	●	10月~次年4月

村松纪子

在角落布置新花坛，惊艳所有人

一直想除去庭院一角的树木，在东南角用方形石制作花坛。

事先改良了土壤，花坛建成后，庭院树荫下的昏暗场所变成了开满鲜花的治愈空间。真没想到居然能够学到这样的种植方法，以及让植物持久保持活力的管理方法，建成后的花坛居然如此华丽，真让我高兴。入口的组合盆栽植物和庭院的花坛都很漂亮，整个庭院的风格都焕然一新。

4月
上旬

以明亮的中间色为基调，暗紫色的矾根做点缀的组合盆栽花坛。龙面花香气四溢。

组合盆栽花坛中，郁金香独树一帜

三色堇和龙面花斗色争妍。花丛中树立的郁金香和可爱的粉色葡萄风信子带给人一种不同于冬日的缤纷印象。

11月
中旬

❶ 郁金香"皇家土地"
❷ 郁金香"怜悯"
❸ 葡萄风信子"粉色日出"
A 矾根"佐治亚梅红"
B 三色堇"天蓝"
C 三色堇"浅蓝斑"
D 龙面花"金属姜黄"
E 龙面花"鲜柠檬苏打水"
F 紫罗兰"闪亮婴儿粉"

容器尺寸/直径40cm，
高30cm。

入口处的草坪上铺有阶梯，是一片开放的空间。村松栽种的组合盆栽和盆栽树尤为显眼。

村松正在学习修剪枝叶以及移栽等维护技巧。做好养护工作，能够让植物持久保持活力。

4月
上旬

形似百合的郁金香动感十足

　　绽放的羽衣甘蓝如同开屏的孔雀。三色堇完全盛开，花瓣形似百合的郁金香吹弹可破。

11月
中旬

时髦的澳大利亚植物呈现出羽衣甘蓝和三色堇一样的渐变效果。

❶ 郁金香"叙事诗"
❷ 郁金香"性感狐步舞"
❸ 郁金香"快乐上升之星"
❹ 郁金香"燃烧的青春"
A 三色堇"古典粉"
B 婆婆纳"阿兹特克金"
C 三色堇"渐变粉"
D 迷你羽衣甘蓝"圆叶系混合"
E 钓钟柳"黑紫红"
F 黄金万年草
G 薄雪万年草
H 澳洲迷迭香
I 矾根"香槟"
J 新西兰麻"铜锈"
K 银桦
L 金叶莸"黑骑士"

花坛尺寸/250cm×100cm，高8cm。

郁金香
"性感狐步舞"

亮橙色，花瓣数量很多的漂亮重瓣品种。

郁金香
"快乐上升之星"

叶子上带有漂亮的斑点，杏黄色重瓣品种。

郁金香
"叙事诗"

边缘呈白色的亮紫色品种，盛开时形似百合。

郁金香
"燃烧的青春"

底色为浓黄色，上部为白色。

庭院死角变成焦点

种植时期 ● 10~11月
观赏时期 ● 10月~次年4月

在花坛中栽种草花和球根植物，让死角焕然一新

为何不在至今还未利用的庭院角落种植花草和球根植物呢? 如果每天有一半以上的时间能够晒到太阳，且通风良好，就可以在这里布置精美的花坛。

如果庭院的角落被小路、墙面和平台包围，那么，即使不用砖瓦，也能制作花坛。只需仔细翻耕、改良土壤，就能建成开放式花坛。

一日完成

1　建筑物东侧，半日阴的三角形空间，庭院死角被小路、平台、墙壁包围。

2　首先，移除枯萎的植物。如果是球根植物，则挖出来移栽在别处。

3　如果附近的香桃木和灌木的根部过长，则先将它们斩断，然后翻耕30cm深的土壤，去除石子等杂物。

4　使用锄头等工具，轻轻平整土壤。

5　向土壤中均匀地撒入腐叶土，直到土壤表层全部被腐叶土覆盖。

6　向土壤中撒入镁石灰，直到花坛土壤表面变成淡淡的白色。

7　用铲子将花坛的土壤与腐叶土、镁石灰搅拌均匀。

8　加入培养土，同时确保花坛中的土壤高度稍稍低于旁边的小路。

9　用铲子仔细翻耕土壤，将后侧的土壤垫高，再用锄头平整土壤。

花坛制作完成!
在被三边包围的空间内建成的开放式花坛。

11月
上旬

奶油色的紫罗兰和浓郁的粉红色三色
堇展现出张弛有度的美，空隙间栽种
着紫苞泽兰，大叶醉鱼草的银色叶子
非常引人注目。

色彩浓艳的郁金香映衬出
成熟可爱的色调

以较深的紫红色郁金香为主，搭配淡粉
色波浪形花瓣的郁金香。
边缘呈喇叭状的浓艳水仙略显奢华。
白色大滨菊掩盖了裸露的土壤。
*在球根植物开花前移除紫罗兰。

郁金香"梅洛"
浓郁的红酒色品种，
盛开后形似百合。
枝干较长，可以用
于插花。

郁金香"恋心"
花瓣边缘带有缺口，
并呈现出波浪形的
褶皱。

水仙"英式赌博"
较大的花朵形似喇
叭，中央呈现出渐
变的橙色。

白晶菊"北极"
播撒种子后认真培
育，春季会依次开
出白色的花朵。

❶ 郁金香"梅洛"
❷ 郁金香"恋心"
❸ 水仙"英式赌博"
　种子 白晶菊"北极"
A 三色堇"草莓灯塔"
B 白蛇根草"巧克力"
C 紫罗兰"亲吻我"
D 大叶醉鱼草"银色周年"
E 梅子状秋叶果
F 香桃木"斑点"

花坛尺寸/150cm×90cm。

大丽花和宿根
植物盛放的花坛

种植时期	● 5~9月
观赏时期	● 8~11月

左/花坛里的大丽花接连盛开，诀窍是在花朵开败前摘花。这样做可以不消耗植株的养分，让花朵一直开到秋季。
上/摘掉的花朵插进杯子中，可放在房间里观赏。

种植大丽花盆苗，
选择耐暑性强的宿根草

这是在P42介绍过的村松纪子的花坛，4月过后，她又重新种植了郁金香和一年生草本植物。选择花期为夏季到秋季，色彩鲜艳、惹人注目的大丽花作为主要植物。如果是中小型的、花瓣聚在一起绽放的球形花朵，或者10cm以上的球形花朵，种植后不久就会开花，即使没有培育经验的人也可以放心。搭配能够开出黄色小花的宿根草三叶金光菊，就能打造出色调鲜明的花坛。

杂交大丽花"德加画廊"

一根花茎上能够开放数朵至数十朵花，耐暑性强，花期为初夏到秋季，适合小型花坛。

三叶金光菊

小型多花，从初夏开到晚秋。株高过高时可以修剪。

正在学习如何修剪的村松："从根部剪掉开败的花穗，就能使花朵持续绽放。能够一直欣赏美丽的花朵，我真的很开心。"

让花朵持续开放的要点

1 在花朵快要开败时，用剪刀剪掉花穗和花瓣凋谢的花芯。如果放任不管，就会生出霉菌，导致植物生病。

2 修剪完成后，用水将活力剂或液肥稀释到规定倍率。

3 以修剪的植株为主，向植物根部添加足够的稀释后的活力剂或液肥，这样一来，花会开得更好。

8月
中旬

9月
下旬

不惧酷暑，生长开花。花草簇拥的部分太过闷热，可以适当修剪。

10月
下旬

粉色的大丽花与黄色的金光菊让花坛从夏到秋都充满活力

以粉色和黄色作为花坛的主色调，主要栽种花瓣聚在一起绽放的球形大丽花和三叶金光菊、五星花等小花。

以绿苋草、锦紫苏等深红紫色的彩叶植物作陪衬，能够起到很好的点缀作用。

大丽花开败后，小花持续盛开，彩叶植物生长茂盛。接下来可以种植三色堇和郁金香等植物。

A 杂交大丽花"德加画廊"
B 三叶金光菊"高尾"
C 五星花"涂鸦粉"
D 绿苋草"红色闪光"
E 香彩雀"沉静白"
F 营养系锦紫苏"弗拉明戈舞"
G 营养系锦紫苏"复古天鹅绒"
H 新西兰麻"铜锈"
I 钓种柳"黑紫红"
J 澳洲迷迭香
K 矾根"香槟"
L 黄金万年草
M 薄雪万年草
N 麦冬"黑龙"
O 金叶莸"黑骑士"

花坛尺寸/250cm×100cm，高8cm。

47

从夏季美丽到秋季

种植时期	●	5~9月
观赏时期	●	5~11月

选择不畏酷暑的植物，保证最低限度的维护

即使天气炎热不想出门，也要把显眼的地方收拾干净。建议选择花期为夏季到秋季的植物，在初夏时种植在小型花坛里。百日菊和金光菊具有很好的耐暑性，可以在夏季盛开很长时间。香彩雀和五星花能够持续盛开到秋季，适合作为配角。每个月修剪一两次枝叶，加入稀释后的液肥或活力剂，就能让植物持续盛开到秋季。

五星花"涂鸦白"

娇小且耐暑性较强，分支较多，适合种在花坛里。较大的花朵十分显眼。

香彩雀"沉静蓝"

耐暑性强，蓝紫色的花朵持续盛开到秋季，适合小型花坛。

三叶金光菊"高尾"

小朵，花期为初夏到晚秋，根茎过长时需要修剪。

百日菊"双重黄色"

优雅的重瓣花娇艳欲滴，对夏季干燥的环境和疾病具有一定抗性。

金光菊"城市森林绿"

分支较多，适合种在花坛的后方和中排，艳丽的黄绿色小花十分漂亮。

修剪枝叶　剪掉开败的花朵和花穗。

对于分枝后长出花穗的植物，将开败的花穗从根部剪掉（五星花、香彩雀等）。

对于茎部顶端开花的植物，从花朵下方的节距处剪掉。残留的根茎上会长出新的嫩芽（如百日菊、金光菊等）。

植物生病时　多加留意，早发现、早处理

在闷热的环境下，花梗容易生出霉菌，并向周围扩散，因此必须剪掉受损的部位。

确认周围的植株是否出现同样的症状，在发病初期喷洒适合的药物。

加入液肥和活力剂
让怕热的植物恢复活力。

植物也会在炎热的7月和8月犯懒，在这种情况下，可以喷洒比规定倍率更淡的液肥或活力剂。

在清晨或傍晚喷洒稀释后的液肥或活力剂。在白天温度较高时喷洒，会适得其反。

8月
中旬

修剪生长过旺的三叶金光菊"高尾"，摘除香彩雀、五星花、百日菊的花梗，去除下方因闷热而受伤的叶子。

9月
上旬

用紫色点缀鲜艳的夏日黄色系花朵

用有斑点的观赏辣椒和香彩雀的紫色，衬托金光菊、百日菊等主要植物的夏日渐变黄色。薰衣草和新西兰麻等植物可以长期留在花坛中。

10月
下旬

金光菊的花朵快要谢了，而重瓣的百日菊依然盛开。大戟和薰衣草的银白色叶子愈发鲜亮。

A 百日菊"双重黄色"
B 三叶金光菊"高尾"
C 香彩雀"沉静蓝"
D 金光菊"城市森林绿"
E 五星花"涂鸦白"
F 观赏用辣椒"闪光紫"
G 铁仔大戟
H 新西兰麻"特殊红"
I 薰衣草

花坛尺寸/180cm × 45cm，高18cm。

```
E  D     B     D     B     D     B     D
   C  H     C  I     E     C  I  C
   G  F  A  A  F  A  A  G  A  A  F  G
```

在半阴环境下生长的圣诞玫瑰

种植时期	● 10月~次年3月
观赏时期	● 10月~次年4月

利用植物的高度和叶子颜色，让花与叶为庭院营造立体感

如果想在花坛里种植圣诞玫瑰（嚏根草），可以选择在没有种植其他花草时也能观赏的彩叶圣诞玫瑰。原种系列的齿叶嚏根草、史腾嚏根草、臭嚏根草非常健壮，且容易培育，种在庭院里十分美观。

这些品种开花后的花茎很高，因此布局时需要考虑开花后的花茎高度。虽然矾根和麦冬等植物可以种植在阴凉处，但在颜色浓郁的彩叶植物周围，更适合种植银叶和黄金叶且没有斑点的圣诞玫瑰。窍门是将叶子带斑点的品种作为点缀，在周围种植没有斑点的品种。庭院里有了阴影和点缀，就能凸显出立体感。

让齿叶嚏根草的叶子更有质感

半日照的后院。由于附近种植了带有斑点的大戟属植物，才能凸显出两种齿叶嚏根草的叶色和质感，可以通过重复种植来提高植物的存在感。种植许多简单的四旬期玫瑰，然后在空隙处种植蕨类和原种系列水仙，等到了春季花期，这里就成了丰富多彩的阴凉花园。

A 齿叶嚏根草"星辰"
B 齿叶嚏根草"金属银"

金色叶子衬托出多变的造型

在叶子带有明显斑点的绣球花旁边，臭嚏根草的黄金色叶子显得更加耀眼。

在细长的带状花坛后侧，臭嚏根草的黄绿色吊钟型花朵显得十分可爱。

臭嚏根草的纤细叶子与玉簪、矾根等大叶，以及大岛薹草的细叶搭配在一起，就能打造出多变的造型。

C 臭嚏根草"金条"

D 史腾嚏根草"钻石星尘"
E 青灰嚏根草"金叶子"

粉色为主题的明亮半日照角落

将同属粉色系的匍筋骨草和青灰嚏根草种在一起，让半日照的庭院显得更加明亮。

在后侧种植花茎较高，能够长出粉色嫩芽的史腾嚏根草，打造粉色主题花园。放入火山岩，制造高低差，然后种上苔藓。到了春季，玉簪的叶子展开后，庭院的维护成本也会降低。

半阴环境下的杜鹃花坛

种植时期	● 10月～次年3月
观赏时期	● 4～5月

种植在半阴凉处，每年都能盛开的日本本土花木

半日照的庭院，由于种植着许多青木和八角金盘等深色叶子的树木，不免显得有些阴暗。如果想要树木在半日照的环境中也能开出美丽的花，那么推荐你种植杜鹃。欧美培育的"西洋杜鹃"曾是主流植物，随着日本的品种改良，出现了花色柔和、适合小型庭院和花坛的新品种。由于花开得好，树高1米左右且生长紧凑，非常适合种植在狭小的空间里，而且随着逐年生长，花也越来越多。

●准备的工具
铲子、盆栽铲、泥炭土

一日完成

杜鹃喜欢酸性土壤，因此先在种植区域撒上一层泥炭土。

1
用铲子翻耕40cm深，去除土壤里的小石子和树根。

3
用盆栽铲将泥炭土和种植区域的土壤搅拌均匀，然后挖一个比幼苗根部的土块大一圈的坑。

4
拍打花盆的侧面，使植物根部的土壤松动，然后慢慢拔出幼苗。

5
一边调整植物的生长方向，一边将幼苗种在坑里，然后用盆栽铲从左右两侧填土。

6
将植物根部垫高，在周围用土壤围成火山口状，筑成"堤坝"。

7
向"堤坝"中注入足量的水，等水退去后继续注水，重复两三次后，植物就能扎根了。

淡粉色的花使半日照的花坛显得明亮华丽

在大岛薹草的纤细叶子和矾根的深紫红色叶子围成的空间里，淡粉色的高山玫瑰杜鹃"婚礼花束"尤为显眼。朴素的半日照花坛也能带给人鲜艳靓丽的印象。

建成前

种植条件

庭园东侧，上午阳光充足，午后晒不到太阳的地方。拔掉杂草后，轻轻平整土壤。

建成后

种植后维护

一两周内不能断水，一旦土壤表面干了，就必须浇水。在那之后，也要注意不能缺水。

适合种在花坛里的多肉植物

为了打造低维护的漂亮花坛，可以尝试种植多肉植物。

多肉植物除了作为花坛焦点，或栽种在前排，衬托花草之外，也可以用来遮挡花坛边缘的砖瓦或石头，营造自然的氛围。

作为花坛主要植物

七福神
适合种在花坛里，体形较大，十分健壮的品种。

作为焦点和点缀

胧月粉莲
俏皮的紫色叶子，十分顽强，可以直接种在地里。

向下展开和叶子下垂的多肉植物

小球玫瑰
适合搭配花草，点缀前排。

带斑点的丸叶万年草
叶子垂在前排的地面上，或者用来遮挡花坛边缘。

松叶佛甲草
顽强的品种，适合摆放在最前排，让叶子铺在地面上。

黄金万年草
摆放在花坛前排或花坛边缘，叶子能够向下展开。

第四章

组合盆栽
种植和配色
案例

用季节性花卉，

制作百花齐放的组合盆栽。

从基本的组合盆栽方法，

到在花草间组合盆栽球根植物，

具体的制作方法，

丰富的创意案例，

在本章中都有详细的介绍。

组合盆栽的
构成及用土

组合盆栽的魅力在于制作简单，自由度高，且方便移动

  根据季节选择不同的花苗进行搭配，然后种植到心仪的花盆中。在大型花盆中种满花朵，或者在小花盆中栽种两三种清秀的花朵，可以根据自己的喜好自由创作。

  花盆材料的种类和颜色十分丰富，如塑料、赤陶土、陶器、白铁皮等，可以根据建筑和庭院的风格进行选择，也可以任意移动位置，搭配花园中的植物，这也是组合盆栽的魅力所在。

从初夏盛开到晚秋的顽强花草

不惧酷暑，顽强且容易培育的组合盆栽花草。这里推荐组合盆栽用到花坛中已有的植物，这样一来，就能在庭院中营造出统一感。

组合盆栽设计图 ⇢

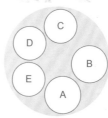

A 五星花"涂鸦粉"
B 锦紫苏"月桂树"
C 观赏用辣椒"黑珍珠"
D 新西兰麻"铜锈"
E 三叶金光菊"高尾"

花盆尺寸/直径25cm，高28cm。

组合盆栽的结构

花草的幼苗
用塑料花盆培育到适合移植的大小，从花盆中将植物拔出后移植。

根部的土块
指植物的根部和土壤混在一起的部分。移植的时候可以稍稍破坏根部的土块，如果根部过硬，则可以刨开或切掉。

盆底的网
在盆底的洞口铺一张略大于洞口的网，不仅能够防止土壤流失，还能防止虫害。

排水孔
指盆底的排水孔。注意，如果孔洞相对于盆底面积而言太小，可能会影响排水。

球根
种植深度超过1cm，由于花盆空间狭小，为了预先留出根部生长的空间，可以种得浅一些。周围不必留出较大的空隙。

花盆
种类繁多，塑料或涂釉的陶盆不透水；素烧盆的侧面易于水分蒸发，因此容易变干。

水分空间
在浇水时，为了防止土壤和水分溢出，预留的蓄水空间。

1~2cm

土壤
为了让花草的根部充分生长，应以小到中粒的赤玉土为基础，加入腐叶土等腐殖质，然后充分混合。

占花盆深度的约1/4。

珍珠岩颗粒或盆底石
放入后能够增强花盆的排水性。

使用含基肥的花草培养土

　　组合盆栽植物的土壤必须兼具排水性和保水性。如果市场上销售的花草培养土中加入了缓释化学肥料等基肥，则可以直接使用。

市售的花草培养土

仔细确认包装上的说明后再购买。购买时请仔细确认是否含有基肥或腐叶土、堆肥等有机物。

花草培养土的包装袋

购买时请仔细阅读包装上的使用说明。

如何利用不含"土"的培养土

市售的培养土中，有一些只含有泥炭土和椰子壳碎片等腐殖质，不含土壤。这种情况下，加入1/3的小粒赤玉土，植物就能茁壮成长。

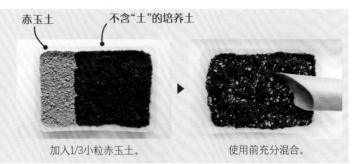

赤玉土　　　不含"土"的培养土

加入1/3小粒赤玉土。　　使用前充分混合。

在盆底放入珍珠岩颗粒能提高排水性，还能促进植物扎根

　　狭小的花盆中簇拥着众多植物，为了让花苗茁壮成长，必须做好排水工作。这里推荐大家在盆底放入珍珠岩颗粒（岩石经过高温烧制的颗粒状材料），填满花盆约1/4的深度。

善用珍珠岩颗粒

用珍珠岩填满花盆约1/4的深度，注意不要吸入粉末。

珍珠岩颗粒

通过家居中心和花园中心、园艺店、网店等渠道购买。

混合基肥种植，让植物不断开花

　　为了让植物开出更多的花，种植时可以使用含有基肥或缓释肥料的土壤。对于花期较长的一年生草本植物，在炎热的夏季，可以同时加入稀释后的液肥和活力剂。

不含基肥的培养土

种植花苗前，加入适量的缓效化肥，并充分拌匀。

基肥

肥料种类众多。购买前请仔细阅读包装袋上的说明，根据自己的情况进行挑选。

组合盆栽的基本方法

用 3 盆花期长的植物打造漂亮的组合盆栽

　　初次尝试组合盆栽时，可以选择花期较长的三色堇、碧冬茄、长春花、百日菊等作为主要植物，搭配矾根、紫花野芝麻等漂亮的彩叶植物。

　　准备一个直径18~21cm的花盆，然后将与花苗颜色相同的素材临时摆放在花盆里，确定组合盆栽的布局。

清澈的蓝色三色堇和叶子下垂的花草

以惹人注目的蓝色三色堇为主，用金属质感的矾根填满空隙，然后在外侧种植能够开出白色小花的冲绳紫菀。在古董风格的淡粉色铁皮花盆的衬托下，花与叶显得格外美丽。

A 三色堇"横滨精选·耀斑蓝"
B 冲绳紫菀
C 矾根"入迷"
花盆尺寸/直径19cm，高17cm。

●准备的工具
花盆（直径19cm，高17cm）、培养土（含肥料）、
珠光体花苗/三色堇"横滨精选·耀斑蓝"1株、
冲绳紫菀1株、矾根"入迷"1株

一日完成

1 用螺丝刀在盆底开5个孔，再倒入珍珠岩颗粒，深度约为花盆的1/4，然后加入少许培养土。

2 将栽种幼苗的花盆放在组合盆栽花盆的侧面，以根部土块最大的植物为准，加入足量的培养土。

3 将幼苗从花盆中取出，慢慢地拨开缠绕在外侧的根。

4 调整植物的高度，在花盆上层预留2cm的储水空间。

5 一边调整植物的布局，一边确定栽种位置，将较矮的植物和叶子下垂的植物摆放在外侧。

6 在花盆与幼苗之间，幼苗与幼苗之间加入培养土，然后轻轻敲打，夯实培养土，最后浇水。

球根植物的组合盆栽

推荐郁金香！让花朵整齐绽放的种植法

种植过郁金香球根的人应该都有过这样的经历：难得开花了，但花朵的生长方向却不一样。能够轻松解决这一困扰的就是"花束种植法"。采用这种方法种植，就能让盛开的郁金香如同花束一般整齐。首先，准备一个直径24~33cm的大花盆，根据盆栽中其他花草的颜色和郁金香包装袋上标明的花色，确定布局，再开始种植。

脱颖而出的郁金香和密花葡萄风信子组合

4月 中旬

盛开的蓝色系三色堇和绿色系日本茵芋中间，古典风格的郁金香和罗马风信属植物密花葡萄风信子脱颖而出，展现出独特的魅力。

11月 下旬

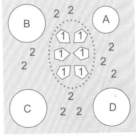

郁金香"火红旗帜"

密花葡萄风信子

1 郁金香"火红旗帜"
2 密花葡萄风信子
A 梅子状秋叶果
B 三色堇"BB系列海蓝"（译者注：BB系列，花色丰富且容易培育的园艺品种）
C 日本茵芋"白手套"
D 三色堇"弗拉门戈柔和蓝"

花盆尺寸/28cm×28cm，高30cm。

●准备材料

花盆（28cm×28cm，高30cm）、铺在盆底的网、土、培养土、珍珠岩颗粒、缓释化肥
球根和幼苗/郁金香"火焰旗帜"6颗
密花葡萄风信子 10颗
栒子状秋叶果、三色堇"美美系列·海蓝"、日本茵芋"白手套"、三色堇"弗拉门戈柔和蓝"各1盆

一日完成

1

将网布裁剪成合适的尺寸，铺在盆底。

2

向花盆中倒入珍珠岩，填满花盆深度的1/4，改善排水性（也可以使用钵底石）。

3

在步骤2的基础上倒入培养土，填满花盆深度的1/2，然后加入缓释化肥。

4

约1~2cm

预留存水空间

将培养土和缓释化肥混合，根据根部土块最大的花苗尺寸加入培养土，在花盆上层预留1~2cm的储水空间。

5

对于花茎较高的栒子状秋叶果，种植时可参考上一页的配置图。轻轻将花苗从花盆中拔出，尽量不要破坏根部的土块。

6

将日本茵芋和三色堇的花苗从花盆中取出，移植到组合盆栽盆中。栽种时，在花盆中央预留出郁金香球根的位置。

重点！

7

加入培养土，直到能够覆盖步骤6中栽种的花苗根部土块的1/2。

8

剥去郁金香球根的薄皮。剥去皮后，长出嫩芽会更加整齐。

9

将剥去皮的球根尖端朝内摆放在中央凹陷处，排列成椭圆形。这是花束种植法的要点。

10

参考配置图，将密花葡萄风信子的球根种在郁金香球根的外侧。

11

预留储水空间后，倒入足量的培养土，然后轻轻地平整土壤。

12

栽种完成后，分次浇水，直到花盆底部流出水为止。之后待表面土壤干透后再浇水。

球根植物、幼苗和种子的组合盆栽

3步打造可以观赏半年的秋季花坛

在秋季种下花苗，就能观赏到种子发芽、开花，以及郁金香球根慢慢生长的过程。只需一盆组合盆栽，就能体会到3种乐趣。一边想象开花的场景，一边挑选花草的幼苗、种子和球根。推荐栽种粉蝶花、白晶菊"北极"、勿忘草、雏菊的种子。

蓝色粉蝶花映照下的粉红双色郁金香

粉、蓝、白三色构成最理想的配色。花形似百合的郁金香、盛开的粉蝶花，以及白色的三色堇是这一组合的关键。尖花瓣的郁金香和圆形的粉蝶花相得益彰。

栽种球根
郁金香"桑妮"
10月

＋

种子
粉蝶花"淡蓝"
10月20日~11月10日

4月 同时盛开 中旬~下旬

刚栽种的时候，只有银色的叶子和白色的三色堇。在裸露的土壤中栽种粉蝶花种子。

A 郁金香"桑妮"
B 银叶菊"银鱼"
C 三色堇（白色）
D 硬毛百脉根"棉花糖"
　种子 粉蝶花"淡蓝"

花盆尺寸/直径35cm，高20cm。

●所需工具

花盆（直径35cm，高20cm）、铺在盆底的网、土、培养土（含化肥）、珍珠岩颗粒、河沙适量、厚纸1张、调料罐（孔洞须比河沙和种子大）
郁金香"桑妮"2袋
银叶菊"银鱼"、三色堇（白色）、硬毛百脉根"棉花糖"各1盆
粉蝶花种子：1ml的量

一日完成

步骤1 种植其他植物

1 将网布裁剪成合适的尺寸，铺在盆底。

2 倒入珍珠岩颗粒，约至花盆的1/4，然后倒入培养土，至花盆深度的一半。

3 将要移栽的植物连盆摆在组合盆栽花盆中，确定布局。按照植物根部土块的大小调整培养土的分量，在花盆上部预留1~2cm的空间。

4 按压花盆，让植物根部的土块变得扁平，将植物从花盆中取出。

5 将植物朝向外侧，斜着栽种在花盆边缘，可以防止其根部与栽种在花盆中央的球根植物的根缠绕在一起。

6 以同样的方法将其他植物幼苗种在花盆边缘，然后在幼苗周围倒入培养土。栽种球根植物前，不要在花盆中央倒培养土。

7 用手整理步骤6中倒入的培养土，堆成堤坝状，覆盖住植物根部的土块。将花盆中央的土挖成蒜臼状，空出栽种球根植物的位置。

步骤2 栽种球根植物

1 剥去球根植物的皮，这样做能够让植物迅速生根，即使在狭窄的花盆中，也能苗壮成长。

2 将球根植物尖端朝内摆放整齐，这样做能够使植物叶子的生长方向更加整齐，在密集的植物群中，不让叶子阻碍植物开花。

3 向球根上方倒入培养土，在上方预留1~2cm的空间，然后平整土壤表面。

4 慢慢浇水，让水分渗透土壤，直到多余的水分从花盆底部流出。

步骤3 栽种花种

1 将河沙铺在厚纸上晾干，然后将粉蝶花的种子混入河沙中，用手指轻轻搅拌，防止种子粘在一起，这样更容易均匀播种。

2 准备一个盖子上的孔洞大于河沙和种子的调料罐，清洗后晾干，然后倒入步骤1中混合的种子。

按照自己的喜好，在花盆中播撒种子。粉蝶花的种子喜光，不需要埋入土中。

完成后浇水
种子发芽前，不要让土壤过于干燥。发芽后需要间苗，待土壤变干后再浇水。

3

63

三色堇组合盆栽

种植时期 ● 10~12月
观赏时期 ● 10月~次年4月

极富个性的花色和姿态，打造高雅大方的组合盆栽

从秋季到春季，三色堇可以开出许多花。想要制作出与众不同、高雅大方的组合盆栽，就要选择具有个性花色和姿态的品种。这里要介绍的是以三色堇"横滨精选"系列为主角的组合盆栽，每个品种都具有明显的特征，如别致的金棕色圆瓣品种，具有独特碎花纹图案的品种，还有花形类似动物脸的独特品种。由于花色深浅不一，且花茎稍长，不会埋没在其他花卉中，非常适合作为组合盆栽中的主角。

用带有斑点的叶子衬托清爽明亮的色彩

梅尔维尔萼距花的枝叶如舞蹈般伸展，其根部围绕着带有斑点的千叶兰"聚光灯"和柠檬黄色的香雪球。松软优美的亮橘色三色堇树立在高矮不一的植物之间。

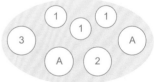

A 三色堇"横滨精选·黄色"
1 梅尔维尔萼距花
2 香雪球"柠檬"
3 千叶兰"聚光灯"
花盆尺寸/直径28cm（椭圆），高12cm。

优美的"小樱"搭配同色系的花草和灌木

优美的粉色三色堇与同色系花草和花木的组合。瑞香和车叶梅的枝叶形状十分有趣，这种组合比单一的花草更具变化性。

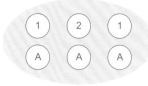

A 三色堇"横滨精选·小樱"
1 瑞香
2 车叶梅
花盆尺寸/40cm×20cm，高13cm。

微妙的色差深受人们喜爱

"金茶"搭配刺叶树属植物和景天属植物。"金茶"的花色众多，从金色到蓝色，可以享受渐变色带来的乐趣。在花朵根部种植红色叶子的景天属植物，搭配薹草来提升美感。

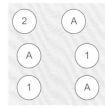

A 三色堇"横滨精选·金茶"
1 薄雪万年草"紫色"
2 褐果薹草"詹尼克"
花盆尺寸/20cm×20cm，高15cm。

复古风花盆里的 "火焰棱柱"

在复古的铁皮花盆里栽种色彩变化丰富的 "火焰棱柱"、帚石楠，以及花色雅致的圣诞玫瑰（嚏根草），打造古典风格的组合盆栽。

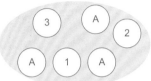

A 三色堇 "横滨精选·火焰棱柱"
1 白车轴草 "黑暗黛比"
2 帚石楠 "花园少女"
3 杂种嚏根草
花盆尺寸/30cm×16cm，高15cm。

"花花公子"和茶色系花叶搭配黄色

暗色的 "花花公子" 与铜色叶子的金鱼草属同一色系。用水仙花的黄色和糖芥的斑纹叶子作为点缀。

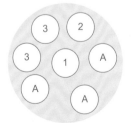

A 三色堇 "横滨精选·花花公子"
1 糖芥 "科茨沃尔德宝石"
2 铜色叶子的金鱼草
3 仙客来水仙 "私密会谈"
花盆尺寸/直径23cm，高15cm。

彩叶植物衬托下的 "蓝焰信号"

欣赏"蓝焰信号"深浅不一的渐进蓝，用茎叶细小的枸子状秋叶果和硬毛百脉根"硫磺"的彩色叶子做陪衬。

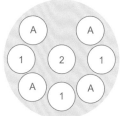

A 三色堇"横滨精选·蓝焰信号"
1 硬毛百脉根"硫磺"
2 枸子状秋叶果

花盆尺寸/直径30cm，高24cm。

银叶丛中 "给你的爱"

"给你的爱"平缓的喇叭状花瓣中略带粉色，周围簇拥着茎叶细小的枸子状秋叶果和拥有银色叶子的榄叶菊属植物。

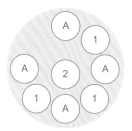

A 三色堇"横滨精选·给你的爱"
1 沿海雏菊"姻亲"
2 枸子状秋叶果

花盆尺寸/直径26cm，高13cm。

碧冬茄组合盆栽

种植时期	● 4~5月
观赏时期	● 4~10月

花色相近的品种与观赏期较长的花草组合

碧冬茄的花期较长，可以从春季观赏到秋季。碧冬茄品种丰富，不仅有单瓣和重瓣之分，还有中小型花和大型花之别，另外，花色和花形也各不相同。

推荐种植花色暧昧的品种，与其他喜欢的植物组合栽在一起，既别致又华丽，这便是碧冬茄的魅力所在，可以搭配百日菊、香彩雀、长春花等观赏期较长的植物。

奶油黄色的花朵和别致的紫色叶子

选择奶油黄色的碧冬茄，搭配别致的彩叶植物。利用"手球新枝"华丽的重瓣花和"八岳日出"的单瓣花凸显花形的变化。

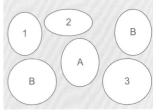

A 碧冬茄 "手球新枝"
B 碧冬茄 "八岳日出"
1 易生木
2 粉花绣线菊 "金色框架"
3 甜舌草 "墨西哥甜草"
花盆尺寸/31cm×22cm，高11cm。

雅致的花色打造现代日式风格

个性的双色碧冬茄"花舞姬"是盆栽组合中的主角。在现代日式风的花盆中，还密集种植着麦冬"黑龙"和矾根等漂亮的彩叶植物。

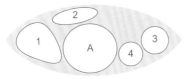

A 碧冬茄"花舞姬"
1 矾根"糖浆果"
2 香彩雀
3 麦冬"黑龙"
4 硬毛百脉根"棉花糖"

花盆尺寸/40cm×12cm，高10cm。

圆形篮子中开出的粉色花朵与银色叶子

用拥有亮丽银叶的千里光属植物和大叶醉鱼草来衬托碧冬茄"花舞姬"漂亮的花色，再搭配上盛开到夏季的百日菊。

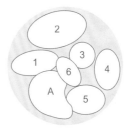

A 碧冬茄"花舞姬"
1 大叶醉鱼草"银色周年"
2 百日菊（重瓣）
3 沿海雏菊"姻亲"
4 圆叶牛至
5 天使之翼
6 匍匐铁丝藤"心形叶子"

花盆尺寸/直径25cm，高16cm。

颜色有变化的花朵簇拥着花色浓郁的长春花

拥着浓艳的红色花朵和黑色的花蕊的长春花，搭配玫瑰粉色的海索草叶萼距花，下方簇拥着绿粉双色的易生木。

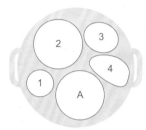

A 碧冬茄"配角"
1 易生木
2 长春花"血橙短裙"
3 细叶雪茄花"是拉差辣椒酱"
4 硬毛百脉根"棉花糖"

花盆尺寸/直径20cm，高11cm。

精致的叶子植物和花色相近的植物的组合

为了衬托出碧冬茄"手球新枝"为微妙的花色，可以搭配形状、触感不尽相同的通奶草和匍匐臭叶木等叶子纤细的植物。

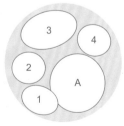

A 碧冬茄"手球新枝"
1 黄金万年草
2 红钩灯心草
3 通奶草"钻石严霜"
4 匍匐臭叶木"礁岛"

花盆尺寸/直径21cm，高20cm。

碧冬茄和小花矮牵牛组合盆栽吊篮

以碧冬茄"手球新枝"和小花矮牵牛"水蓝"为主的组合盆栽植物吊篮，花色清爽，用虾衣花作点缀，带斑点的素馨叶白英展现动感。

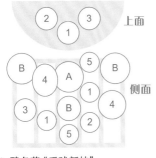

上面

侧面

A 碧冬茄"手球新枝"
B 小花矮牵牛"水蓝"
1 通奶草"钻石严霜"
2 观赏用辣椒"黑珍珠"
3 金叶小檗
4 虾衣花
5 带斑点的素馨叶白英

花盆尺寸/25cm×17cm，高23cm。

铁皮容器中的小花组合盆栽

小花矮牵牛"水蓝"与圆形的千日红、匍匐铁丝藤的漂亮小花融为一体，下方的铁皮花盆能够衬托出花朵独特的美感。

A 小花矮牵牛"水蓝"
1 中国芒
2 山梗菜（白色）
3 火百合
4 甘牛至"霓虹灯"
5 千日红（白色）
6 长春花"刺青"
7 匍匐铁丝藤"心形叶子"

花盆尺寸/32cm×24cm，高10cm。

蓝眼菊组合盆栽

种植时期	● 10~11月、2~3月
观赏时期	● 10~11月、2~5月

用彩叶植物和小花衬托鲜活的花色和花形

　　蓝眼菊华丽而醒目，花期较长，且有中、大型花朵，是颇具人气的组合盆栽植物选择。为了衬托出闪亮的花瓣，给人留下深刻的印象，推荐搭配能开出许多小花的龙面花和铺地百里香，以及别致的紫红色酢浆草和带有斑点的长叶木藜芦等彩叶植物。

　　由于蓝眼菊花期较长，需要每两周浇一次稀释过的液肥，并及时摘除枯萎的花朵。

开满粉色花朵的小篮子，春意盎然

在篮子形的花盆中，柔软的粉色系花朵簇拥着蓝眼菊"洛可可"和橘色系小花。长阶花带有斑点的粉色系叶子，使组合盆栽的色调更加统一。

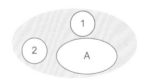

A　蓝眼菊"洛可可"
1　长阶花
2　铺地百里香
花盆尺寸/20cm × 15cm，高12cm。

蓝眼菊"洛可可"
略带灰色的淡粉色重瓣品种。

彩叶植物为活泼的春色花朵增添动感

通过两种暖色系蓝眼菊和色彩缤纷的糖芥展现春天的活力，荷花和长叶木藜芦的枝叶赋予跃动感。

蓝眼菊"亮黄"
花色渐变的杏色系重瓣品种。

A 蓝眼菊"亮黄"
B 蓝眼菊"奶油"
1 长叶木藜芦"彩妆"
2 糖芥
3 百脉根"黑穆尼"

花盆尺寸/直径28cm，高16cm。

蓝眼菊"奶油"
奶油色半重瓣品种，中心的花瓣呈圆筒形。

车轴草和羽扇豆属衬托下的渐变黄

以渐变的黄色系蓝眼菊为主，羽扇豆纤细的叶子和蓝色花朵为辅，车轴草浓郁的紫红色叶子增添了阴影效果。

蓝眼菊"双风扇"
从中心盛开的淡橘色半重瓣品种。

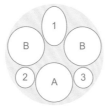

蓝眼菊"青铜信风"
温暖的古铜色单瓣品种。

A 蓝眼菊"双风扇"
B 蓝眼菊"青铜信风"
1 倭羽扇豆"银色羊毛"
2 反曲景天
3 车轴草"天使之刺·美丽"

花盆尺寸/直径22cm，高13cm。

73

彩叶植物衬托下的
红色单瓣蓝眼菊

红色铁皮花盆中栽种着许多深红色的蓝眼菊。在金鱼草的青铜色叶子，以及紫花野芝麻和鳞叶菊的银色叶子的衬托下显得格外耀眼。

蓝眼菊"阳光红"
令人耳目一新的深红色单瓣品种。

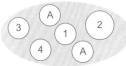

A 蓝眼菊"阳光红"
1 鳞叶菊
2 金鱼草"青铜龙"
3 倒挂金钟（彩叶）
4 紫花野芝麻"斯特林银"

花盆尺寸/26cm×13cm，高12cm。

开满橙色和
粉色的花

以小型蓝眼菊"辉耀"为主，搭配松红梅的小花和薰衣草形似小兔子的花朵。利用多种多样的花形，打造出春意盎然的组合盆栽。

A 蓝眼菊"辉耀"
1 松红梅
2 西班牙薰衣草"克佑红"
3 褐果薹草"詹尼克"
4 苹果桉

花盆尺寸/直径28cm，高55cm。

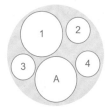

蓝眼菊"辉耀"
盛开出小型花朵的单瓣品种。

复古色调的蓝眼菊使组合盆栽显得更轻柔

圆润而厚重的复古色蓝眼菊与深蓝色的龙面花和黄色叶子的麻叶绣线菊形成了鲜明的对比。在杏粉色蓝眼菊的衬托下,组合盆栽的色彩浑然天成。

蓝眼菊"褐色"
略带褐色的杏粉色重瓣品种。

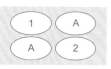

A 蓝眼菊"褐色"
1 龙面花"梅蒂尔 午夜蓝"
2 麻叶绣线菊"金色喷泉"
花盆尺寸/28cm×15cm,高13cm。

紫红色的花蕊和彩色叶子使组合盆栽的色调更加统一

用"红小豆"的花蕊和带有斑点的硫化酢浆草的紫红色叶子营造统一感,枸子状秋叶果的细小叶子展现动感。栽种时有规律地布置薄雪万年草的圆形叶子。

A 蓝眼菊"红小豆"
1 枸子状秋叶果
2 薄雪万年草
3 硫化酢浆草
花盆尺寸/直径31cm,高20cm。

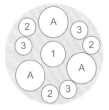

蓝眼菊"红小豆"
中心呈朱红色,令人印象深刻的重瓣品种。

羽衣甘蓝组合盆栽

种植时期	10～12月
观赏时期	10～次年4月

运用叶子的颜色、大小、肌理等特点，打造令人耳目一新的组合盆栽

从晚秋到冬季，鲜有植物开花，羽衣甘蓝却蓬勃生长。迷你羽衣甘蓝形似玫瑰，深受人们的喜爱，褶皱的边缘和带有缺口的纤细叶子十分可爱。金属色系和深色系品种色调别致，适合作为点缀，推荐尝试。

羽衣甘蓝搭配三色堇、金盏花、龙面花和香雪球等花期较长的花草，就从秋季观赏到春季。

咖啡色的花草丛中，羽衣甘蓝欣欣向荣

以不同大小的羽衣甘蓝为主，搭配咖啡色的鞭果薹草、三色堇、金盏花以平衡色调，给人一种别致的印象。栽种在外侧，带有斑点的超级香雪球的枝叶如瀑布般倾斜而下，与鞭果薹草和金盏花交相呼应。

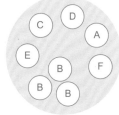

A 迷你羽衣甘蓝（大）
B 迷你羽衣甘蓝（小）
C 鞭果薹草
D 金盏花"咖啡奶油"
E 超级香雪球"霜夜"
F 三色堇"阿兹特克"

花盆尺寸/直径30cm，高25cm。

皱边的绉绸系羽衣甘蓝如玫瑰般动人

绉绸系迷你羽衣甘蓝十分厚重，即使在寒冷的冬季，也如玫瑰般美丽动人。为了在中央打造复古色调，选择颜色具有细微差异的三色堇和龙面花。搭配灌木和花茎延伸到地上的植物，展现出一派生机勃勃的景象。

A 迷你羽衣甘蓝
B 龙面花"巧克力慕斯"
C 黄金串钱柳"革命黄金"
D 三色堇"磨砂巧克力"
E 冲绳菊

花盆尺寸/32cm×20cm，高16cm。

以形态迥异的暗色系品种凸显叶子的颜色

以能够开花的三色堇为主，搭配两种叶子颜色和形态各不相同的迷你羽衣甘蓝，给人不一样的感觉。在花盆边缘，鳞叶菊的银色叶子展现了动感。日本茵芋深绿色的叶子和较长的花期是其魅力所在，可从秋季观赏到春季。

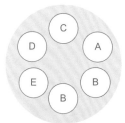

A 迷你羽衣甘蓝"萌花可可"
B 迷你羽衣甘蓝"蓝宝石黑"
C 日本茵芋"绿色"
D 鳞叶菊
E 三色堇"紫红"

花盆尺寸/直径25cm，高23cm。

郁金香
组合盆栽

种植时期 ●	10~12月
观赏时期 ●	10月~次年4月

在社交平台上分享如花束般盛开的组合盆栽

郁金香是展现盎然春意的组合盆栽中不可或缺的花卉。郁金香的种子在冬季顶着严寒，静静地等待春天到来，然后蓦地抽出新芽，开出水灵灵的花朵。

这里推荐使用让植物像花束一样轻柔盛开的"花束种植法（参照P61）"。在大型容器中朝内种植球根，以及花期较长的三色堇、屈曲花等植物，待到春暖花开时，就能在社交平台上分享这份喜悦了。

4月
上旬

11月
中旬

针叶臭味木包裹着色调柔和的三色堇，看起来像是一个鸟巢。

华丽的重瓣郁金香和水仙

白色的水仙"欢愉"和造型与之相反的重瓣郁金香的组合，与针叶臭味木的纤细线条形成鲜明的对比。

1 郁金香"大卫·特尼尔斯"
2 三蕊水仙"欢愉"
A 扣子树
B 三色堇"摇曳"
C 臭叶木

花盆尺寸/直径33cm，高30cm。

水仙"欢愉"

郁金香"大卫·特尼尔斯"

活用船型花盆，打造简单的
盆栽组合，享受小花和彩叶
植物带来的乐趣。

原生郁金香花瓣根部
下方为黑色

船型花盆中栽种着花期早、花茎低的
原生郁金香"音乐会"，黑色风信子与
其花瓣根部下方的黑色交相呼应。

4月
上旬

1 郁金香"音乐会"
2 风信子"水"
3 风信子"太平洋"
4 水仙"甜蜜的爱"
A 三色堇"亮蓝"
B 矾根"入迷"
C 屈曲花

花盆尺寸/62cm×21.5cm，高17cm。

水仙
"甜蜜的爱"

郁金香
"音乐会"

风信子
"水"

风信子
"太平洋"

刚刚栽种的小蜡和矾根的彩色叶子十分醒目。到了春季，三色堇盛开，郁金香和水仙的叶子也长得更高了。

彰显郁金香的同色系搭配

利用"花束种植法"栽种的橙色郁金香和黄色水仙的组合相得益彰、恰如其分。同色系的三色堇、彩色叶子，以及铁制花盆起到了陪衬的作用。

图片提供 / 白子园艺

水仙
"红颜知己"

郁金香
"红糖"

1 郁金香"红糖"
2 水仙"红颜知己"
A 小蜡"柠檬&酸橙"
B 三色堇"和乐·杏茶色"
C 矾根"焦糖"

花盆尺寸/22cm×22cm，高23cm。

郁金香、三色堇和银色叶子色调统一

利用郁金香和花草搭配出简单的黑白色调，搭配蓝紫色的罗马风信属植物密花葡萄风信子来彰显变化。重瓣郁金香和单瓣郁金香组合搭配，别致优雅。

上/重瓣郁金香"北帽"
下/单瓣郁金香"白色
奇迹"

密花葡萄
风信子

1 重瓣郁金香"北帽"
2 郁金香"白色奇迹"
3 密花葡萄风信子
A 圣诞玫瑰"银元"
B 三色堇"四季白"
C 三色堇"黑色喜悦"

花盆尺寸/直径31cm，高26cm。

白色和黑色的三色堇搭配圣诞玫瑰的银色叶子，无论摆在哪里都很漂亮。

漂亮的褶边三色堇和两种紫色郁金香的组合

以紫色为主题，在漂亮的大型褶边三色堇和银色叶子中央，以"花束种植法"栽种的两种郁金香如花束般盛开，鲜润丰腴。

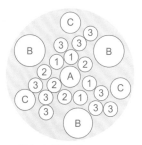

银色的叶子搭配深紫色的三色堇，是冬季也能赏玩的古典盆栽组合。

1 郁金香"紫色旗帜"
2 郁金香"火红旗帜"
3 "伯利恒之星"
A 枸子状秋叶果
B 三色堇"渐变紫"
C 宿根金鱼草"格雷伯爵"

花盆尺寸/直径37cm，高44cm。

春慵花属植物
"伯利恒之星"

郁金香
"火红旗帜"

郁金香
"紫色旗帜"

水培郁金香
组合盆栽

种植时期	● 11月
观赏时期	● 12月~次年1月

秋季种植，冬季盛开，花期长达一个多月

"水培郁金香"是指球根在花盆中发芽后，模拟冬季环境冷藏保存的郁金香花苗。自11月下旬起置于自然环境下，可以从12月后半期到1月后半期持续盛开。通常情况下，秋季种植的郁金香球根，只能在春季盛开十几天，而水培郁金香的花期是普通郁金香的3倍左右。为了种植已经生长到一定程度的花苗，栽种时花苗之间的间隔不能太大。

12月
下旬

11月
下旬

人见人爱的粉色郁金香和牛仔蓝色的多花报春

可爱的粉色和牛仔蓝色的组合人见人爱。延伸向外侧的常春藤仿佛在翩翩起舞。

宿根龙面花的紫色搭配多花报春的牛仔蓝，用暗紫色的金鱼草调和色彩。

A 郁金香"圣诞之梦"
B 宿根龙面花
C 常春藤"白雪姬"
D 多花报春"感动（条纹）"
E 金鱼草"青铜龙"

花盆尺寸/直径25cm，高20cm。

水培郁金香盆苗

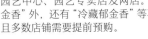

水培郁金香的流通时间为11月至12月上旬。常见的销售形式为高约5cm，两三球装的盆苗。温度变暖就会迅速生长，购买后请立刻栽种。主要购买渠道为大型种苗公司的邮购部、专门销售球根的种苗公司、园艺中心、园艺专卖店及网店。除"水培郁金香"外，还有"冷藏郁金香"等不同的称呼，且多数店铺需要提前预购。

栽种后，花苗苗壮成长。无论郁金香是否盛开都令人赏心悦目的盆栽组合。

重瓣郁金香和水仙同时绽放

重瓣郁金香与水仙花中心的黄色以及狭叶冬青的黄色叶子，用三色堇的紫色衬托。叶子带有斑点的超级香雪球鲜艳动人。

A 郁金香"橙色公主"
B 重瓣中国水仙
C 三色堇"天使紫红"
D 超级香雪球"霜夜"
E 狭叶冬青"金色阳光"

花盆尺寸/62cm×18cm，高23cm。

迷你羽衣甘蓝和千里光属植物的白色系组合盆栽，即使在寒冷的冬季也能让人感受到温暖。

白色系组合盆栽弯曲的花瓣分外夺目

郁金香"白色利伯星"弯曲的花瓣充满艺术感，在枸子状秋叶果的细嫩枝条和三色堇的衬托下显得分外优雅。

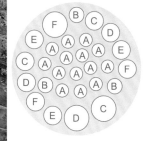

A 郁金香"白色利伯星"
B 三色堇"横滨精选·我可爱的公主"
C 千里光属植物"天使之翼"
D 迷你羽衣甘蓝"雅"
E 枸子状秋叶果
F 屈曲花"糖果簇"

花盆尺寸/直径40cm，高32cm。

草花、球根植物和灌木的组合盆栽

种植时期	●	10~11月
观赏时期	●	10月~次年4月

栽种即成风景，春季愈发美丽

如果只种植郁金香等春季盛开的球根植物，那么冬季不免有些凄凉。因此，我们设计了草花和拥有漂亮叶子的常绿灌木组合盆栽。以花期长的草花为主，搭配常绿灌木，是一种令人心旷神怡的盆栽组合。春季来临，球根的嫩芽在花草间生长、开花，看起来愈发漂亮。

4月
下旬

11月
下旬

从秋季到冬季，狭叶冬青的黄色叶子和薹草的青铜色叶子相得益彰，可爱的白色屈曲花是这一组合中最显眼的部分。

1　亚麻叶郁金香"透亮宝石"
2　蓝铃花
A　匍匐筋骨草
B　屈曲花
C　棕红薹草
a　狭叶冬青"金色阳光"

花盆尺寸/40cm×19.5cm，高18cm。

*配置图中的1~表示球根，A~表示其他花草，a~表示灌木。

屈曲花

半常绿宿根植物，能够开出紧凑的白色小花，花期为春季和秋季。

亚麻叶郁金香"透亮宝石"

体形小、健壮的原生郁金香。种植后无需照料，每年都会开花。

匍匐筋骨草

暗紫色的叶子形似玫瑰，春季长出蓝色花穗。

蓝铃花

别称英国蓝铃花，能够开出可爱的淡蓝色花朵。

棕红薹草

鲜艳的红褐色草类植物，叶子顶端卷曲。

狭叶冬青"金色阳光"

欧洲冬青，冬季不会变色，黄色的叶子可以随意修剪。

*照片中的图标 ◗=球根，✿=灌木。

能够长期观赏的郁金香和彩叶植物

以漂亮的重瓣郁金香为主，搭配灌木和彩叶植物的盆栽组合。只需替换三色堇和郁金香，就能长期观赏。

11月
中旬

从秋季到冬季，金鱼草暗紫色的叶子和花茎，以及深红色的花朵令人着迷。

4月
中旬

盛开后的晚生种郁金香"紫铜印象"，是杏黄色的重瓣品种。

4月
下旬

郁金香"紫铜印象"

赤铜色的重瓣花朵紧凑密集。

"童话树"

弯曲、纤细的枝条上满是小而密集的叶片。

鼠刺"黄金地毯"

生有密集的黄金色叶子的常绿品种，夏季开出红色的小花。

三色堇"芒果"

顽强的品种，冬季也能开花，复古的花色是其最大的特征。

宿根金鱼草"金红"

深红色的花朵和暗紫色的茎与叶，大型金鱼草品种。

银叶艾

造型独特，叶子上带有缺口的银叶植物。

l 郁金香"紫铜印象"
A 银叶艾
B 三色堇"芒果"
C 宿根金鱼草"金红"
a 童话树
i 鼠刺"黄金地毯"

花盆尺寸/直径28cm，高23cm。

鹦鹉型郁金香给人温柔的印象

暗紫色的紫叶马蓝和羽衣甘蓝之间，淡粉色郁金香近似透明的花朵令人着迷。

11月
下旬

紫色的叶子和仙客来的粉色花朵相辅相成，千里光属植物作为点缀。

4月
中旬

紫叶马蓝
暗紫色的叶子十分漂亮，春季会开出淡粉色的花朵。

郁金香"恋心"
粉色渐进的鹦鹉型重瓣品种。

仙客来（粉色系）
适合种植在日光充足的室外屋檐下，淋不到雨的地方。

蛋白石莓
新西兰原产的半常绿灌木，纤细的枝条动感十足。

羽衣甘蓝"光子·北极星"
鲜艳的红叶上带有缺口和斑点的羽衣甘蓝"光子"。

天使之翼
厚重的白色叶子，喜欢偏干燥的环境。

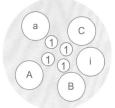

1 郁金香"恋心"
A 天使之翼
B 羽衣甘蓝"光子·北极星"
C 仙客来（粉色系）
a 异叶马蓝
i 蛋白石莓

花盆尺寸/直径22cm，高22cm。

*配置图的1~表示球根，A~表示其他花草，a~表示灌木。

*照片中的图标 🌰=球根，🌲=灌木。

让花盆中开满原生郁金香

展现盎然春意的热闹组合，花盆边缘栽种了两种漂亮的常绿灌木，中央的原生郁金香如同盛开在原野上。

11月
下旬

长叶木藜芦的红叶和三色堇的花色，以及带有斑点的日本茵芋和大叶玉山悬钩子相互映衬，分外漂亮。

4月
中旬

带斑点的日本茵芋"魔术马洛特"

带有斑点的紧凑型品种，粉色的花蕾会开出白色的花朵。

郁金香"安妮卡"

原生品种，花瓣内侧为淡粉色，外侧为红色。

三色堇"巧克力浆果"

随着气温的变化，同时出现巧克力色和浆果色，极具特色的品种。

长叶木藜芦

富有光泽，长有叶子的常绿灌木，体形小，容易培育。

三色堇"蜂蜜芥末"

小型花，花茎较长，能开出许多花朵。原生花色极具魅力。

大叶玉山悬钩子"古典白"

带有叶子的寒莓，属常绿植物，秋天会开出白色的花朵。

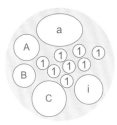

1 郁金香"安妮卡"
A 大叶玉山悬钩子"古典白"
B 三色堇"蜂蜜芥末"
C 三色堇"巧克力浆果"
a 长叶木藜芦
i 带斑点的日本茵芋"魔术马洛特"

花盆尺寸/直径26cm，高17cm。

球根、幼苗和草花的组合盆栽

种植时期 ● 10~11月
观赏时期 ● 10月~次年4月

一盆植物，三种快乐（秋赏花草，春赏嫩芽和球根花卉）

本书第58页介绍了组合盆栽的种植方法，接下来将要介绍的是春季开花的球根花卉和花草，以及能够同时盛开的一年生草本植物的组合盆栽实例。

栽种幼苗和球根花卉，享受组合盆栽的乐趣。种子发芽的过程令人欣喜，破土而出的球根植物，其生命力令人惊叹。制作一盆组合盆栽能够带给你三种感动，可以体会到所有植物一齐盛开时的喜悦。

栽种球根
郁金香"曙光"
10月
+
播种
粉蝶花"淡蓝"
10月20日～11月10日

4月 郁金香盛开
上旬~中旬

栽种银叶植物、拥有白色花朵的勋章菊和拥有紫红色叶子的白车轴草之后。粉蝶花长出嫩芽，会带来不一样的印象。

勋章菊和白车轴草间，盛开的郁金香和粉蝶花

一根枝条开出许多花朵的郁金香"曙光"，其淡黄色搭配粉蝶花的蓝色，配色清爽。勋章菊的银色叶子与白车轴草的紫红色也是绝妙的组合，郁金香和粉蝶花开败后，也可以长期观赏。

A 郁金香"曙光"
B 白车轴草"伊莎贝拉"
C 勋章菊
种子 粉蝶花"淡蓝"
花盆尺寸/45cm×21cm，高21cm。

虽然刚栽种时，花盆中的土裸露在外，但三色堇和须苞石竹生长旺盛后，就完全换了一副模样。

勿忘草的蓝色花朵中间盛开着两种紫色郁金香

古典造型的花盆中，栽种着古典韵味的白色花纹伦勃朗型郁金香"火凤凰"和没有花纹的紫色郁金香"大胆"。白色的三色堇无疑是这一组合中的焦点，而勿忘草的小花起到了点缀作用。

A 郁金香"火凤凰"
B 郁金香"大胆"
C 须苞石竹"黑爵士"
D 矾根"闪亮"
E 三色堇"天然白"
　种子 勿忘草
花盆尺寸/80cm×26cm，高18cm。

4月 上旬~中旬　郁金香开花

4月 中旬~下旬　一起盛开

轻柔的褐红薹草和紫色卷心菜十分别致，裸露的土壤中已经播撒了粉蝶花的种子。郁金香从褐红薹草之间生长出来。

羽衣甘蓝和粉蝶花衬托下的双色郁金香

紫色羽衣甘蓝和带紫色斑点的粉蝶花包裹着一齐盛开的两种颜色的郁金香，给人以强烈的视觉冲击。对于传统的杯形郁金香来讲，颜色和形状富有变化的组合最为合适。

A 郁金香"暗紫红"、"奶油"
B 褐红薹草"红公鸡"
C 紫色羽衣甘蓝
　种子 粉蝶花
花盆尺寸/直径40cm，高30cm。

4月 一齐盛开
中旬~下旬

栽种球根
郁金香"芭蕾舞星"
郁金香"与神同行"
10月

+

播种
勿忘草
10月20日~30日

刚刚栽种的石灰绿色大花六
道木组合盆栽。大花六道木
属于常绿植物，秋冬季节也
能欣赏到彩色的叶子。

色彩艳丽的勿忘草、彩叶植物以及郁金香

橘色郁金香"芭蕾舞星"和重瓣郁金香"与神同行"的
黄色与橘色绚丽夺目。拥有石灰绿色叶子的大花六道木
和勿忘草生长在郁金香周围，蓝色的花朵令人着迷。作
为变化型郁金香，"与神同行"刚刚盛开时呈现出美丽的
淡黄色，随着花朵进一步盛开，花瓣顶端逐渐变成橘色。

A 郁金香"与神同行"
B 郁金香"芭蕾舞星"
C 大花六道木"自由石匠"
　种子 勿忘草

花盆尺寸/30cm×30cm，高30cm。

A 郁金香"春绿"
B 郁金香"赤茶橘"
C 马蹄金"银色瀑布"
D 三色堇（黑）
　种子 雏菊

花盆尺寸/26cm×26cm，高26cm。

白色和绿色的花朵映衬出雅致的暗色花朵

侧面带有绿色纹路的郁金香"春绿"和富有古典韵味的
郁金香"赤茶橘"的组合。下方白色和黑色花朵使得组
合盆栽的整体颜色不会过于鲜明。在银叶马蹄金和黑色
三色堇之间，白色的雏菊显得十分可爱。花盆的雕刻让
郁金香显得更加有立体感。

栽种球根
郁金香"春绿"
郁金香"赤茶橘"
10月

+

播种
雏菊
10月20日~30日

马蹄金的银色叶子和黑色三色堇看起来
十分漂亮。只要栽种足够多的植物，秋
冬季节只有这两种花卉也足够了。

4月 一齐盛开
上旬~中旬

90

栽种球根
郁金香"玫瑰色"
郁金香"加沃特"
10月

+

播种
勿忘草
10月20日～30日

茶色的彩叶植物引人入胜，是组合盆栽的绝妙配色

颜色极具个性的郁金香"加沃特"搭配橘色三色堇的同色系盆栽组合。与花盆颜色类似的粉白郁金香"玫瑰色"起到了衔接颜色的作用，而中央的马提尼大戟的深茶色收紧了整体的色彩。勿忘草看起来像野花，在空隙中轻柔地绽放。

刚刚栽种后，马提尼大戟和临时救的暗色与三色堇的杏色相得益彰，大花六道木带有斑点的鲜艳叶子让人流连忘返，秋冬季节也能够带来无限的乐趣。

4月 一齐盛开
上旬～中旬

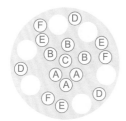

A 郁金香"玫瑰色"
B 郁金香"加沃特"
C 马提尼大戟"黑鸟"
D 大花六道木"糖果色"
E 临时救"午夜阳光"
F 三色堇"杏色"
　种子 勿忘草

花盆尺寸/直径45cm，高26cm。

低维护的球根植物
组合盆栽

种植时期	● 10～12月
观赏时期	● 10月～次年4月

顽强且易培育，能够长期观赏的
原生球根和小型球根

　　在能开出朴素花朵的原生球根和小型球根中，有一种只需栽种一次就能每年开花且无须太多照料的品种。其中，耐寒的秋种小型球根在挖出来后易于干燥，因此栽种后方便管理。花朵凋谢后可以施肥，为球根补充营养，叶子枯萎后停止浇水，并转移到花盆中让其休眠。放在雨淋不到的地方，待到第二年适宜种植的时候直接浇水，或移栽到新的花盆里。

11月 中旬

秋季就能观赏到蓝色宿根龙面花和可爱的三色堇。银叶菊起到点缀的作用。

以蓝色为基调的
可爱组合盆栽

栽种银叶菊和宿根龙面花，以及簇生的蓝色三色堇，然后在空隙间栽种三种小型球根。春季来临，植物争相斗艳，好不热闹。

3月 下旬

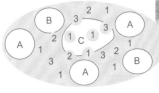

1 银莲花 "粉色"
2 小水仙 "瑞普·凡·温克尔"
3 欧洲银莲花 "白色阴影"
A 三色堇 "紫黄色"
B 银叶菊 "白砂"
C 宿根龙面花

花盆尺寸/42cm × 22cm，高14.5cm。

球根

小水仙
"瑞普·凡·温克尔"

球根

欧洲银莲花
"白色阴影"

球根

银莲花
"粉色"

3月
下旬

11月
下旬

球根

春星韭

多姿多彩的蛛丝卷绢"丽人花"和景天的叶子颜色别出心裁，令人心旷神怡。

以春星韭的蓝色花朵为主，打造可长期观赏的组合盆栽

在心形木质花盆中，栽种蛛丝卷绢和景天属植物，然后分散栽种深蓝色春星韭球根。开花时特别可爱。

1 春星韭
A 蛛丝卷绢"丽人花"
B 黄金万年草
C 龙血锦
D 大红卷绢
E 长生草属多肉植物"黑暗女神"
花盆尺寸/29cm×26cm，高7cm。

球根

风信子
"中国粉"

11月
中旬

可爱的淡粉色的风信子和白色小花

将风信子球根一半埋入土中，然后在球根周围栽种雏菊。高加索南芥的斑点叶子在这一组合中十分重要。

雏菊的白色花朵和高加索南芥带有斑点的叶子，在冬季显得尤为可爱。

1 风信子"中国粉"
A 高加索南芥
B 雏菊
C 帚石楠
花盆尺寸/38cm×30cm，高19cm。

2月
中旬

使用比普通盆苗尺寸小的花苗组合包，种植大量球根。

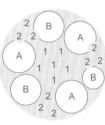

兰状立金花

原生亚麻叶郁金香"透亮宝石"

球根　球根

可爱的淡黄色小花接连盛开

常开的三色堇从秋季绽放到春季。从兰状立金花到原生亚麻叶郁金香"透亮宝石"，鲜花依次绽放。

1 兰状立金花
2 原生亚麻叶郁金香"透亮宝石"
A 三色堇"柠檬水"
B 薄雪万年草

花盆尺寸/直径25cm，高14cm。

报春花清爽的黄色花朵和不列颠百里香的纤细叶子极具魅力。

10月
中旬

1 亚美尼亚葡萄风信子
2 小仙客来水仙"二月金"
3 网脉鸢尾"彩绘女士"
A 报春花"玫瑰香葡萄冻"
B 不列颠百里香

花盆尺寸/25cm×25cm，高12cm。

早春的温柔黄映衬下，
蓝色的葡萄风信子艳丽夺目

春季最早开花的小仙客来水仙和网脉鸢尾与报春花的花期吻合。亚美尼亚葡萄风信子的蓝色十分醒目。

球根
亚美尼亚葡萄风信子

球根
小仙客来水仙"二月金"

球根
网脉鸢尾"彩绘女士"

2月
上旬

第五章

花坛和
组合盆栽推荐
植物图鉴

适合花坛装饰的花草,

季节感十足的开花植物,

可作为精彩点缀的彩叶植物,

本章汇集了众多值得推荐的植物。

按照花期将植物分组,

并介绍了植物的生长周期和管理方法。

- 秋季~春季
- 春季
- 春季~初夏
- 夏季~秋季

屈曲花

科 目	十字花科
分 类	一年生草本植物、多年生草本植物
花 径	0.5cm~1cm（花萼2cm~4cm）
植株高度	15cm~30cm
花 色	白、粉、红、紫

常绿屈曲花，白色的小花簇拥着盛开。

清秀的小花簇生在一起

屈曲花主要分布在西亚和北非等地中海沿岸地区，有四十多个品种，但只有一年生草本植物屈曲花、伞形屈曲花和多年生常绿草本植物屈曲花具有耐寒性，适合花坛种植和组合盆栽种植。无论哪个品种都能开出簇生的小花，横向生长，形成树状结构。

常绿屈曲花以盆栽形式流通，适合种植在花坛边缘或吊篮花盆中。

屈曲花喜光，需要种植在排水性好的土壤中，如果环境过于潮湿，会对植物造成伤害，因此应避免闷热潮湿的环境。春季和秋季每月施两三次液肥。多年生草本植物常绿屈曲花在开花后，只需剪掉枯萎的花朵，就能再次开花。虽然屈曲花具有耐寒性，但在寒冷的冬季仍需做好防寒工作。

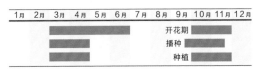

1月	2月	3月	4月	5月	6月	7月	8月	9月	10月	11月	12月
								开花期			
								播种			
								种植			

蓝眼菊

科 目	菊科
分 类	多年生草本植物
花 径	4cm~7cm
植株高度	20cm~40cm
花 色	紫、红、粉、白、橙、黄、多色

蓝眼菊"闪亮大峡谷组合"属于暖色系单瓣品种，能开出色彩斑斓的花朵。

略带灰色的米粉色重瓣品种——蓝眼菊"沙米色"。

晴天开花，阴天闭合

蓝眼菊是菊科多年生草本植物，在南非的南部有70多个原种。原生蓝眼菊在晴天开花，日落后和阴天闭合。蓝眼菊具有半耐寒性，在寒冷的冬季需做好防霜工作。在日本的关东平原以西，气温高于3℃时基本安全，如果种植的场所阳光充足，且环境偏干燥，则可以在室外过冬。

蓝眼菊喜欢排水性好的肥沃土壤，不喜欢潮湿的土壤，尤其是在高温潮湿的夏季，环境过于潮湿时，植物会变得虚弱，因此需等待土壤表面干燥后再浇水。

在植物生长旺盛的开花期，需要经常添加液肥或定期添加缓释化肥。另外，在开花期，要勤修剪枯萎的花朵。如果植物生长得过于杂乱，可在花朵凋谢后的初夏和秋季进行修剪。

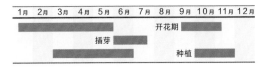

1月	2月	3月	4月	5月	6月	7月	8月	9月	10月	11月	12月
								开花期			
		插芽									
								种植			

圣诞玫瑰

科　　目	●毛茛科
分　　类	●多年生草本植物
花　　径	●1.5cm～8cm
植株高度	●30cm～80cm
花　　色	●白、粉、黄、绿、紫、暗红色

叶子带有斑点的有茎类圣诞玫瑰——科西嘉圣诞玫瑰"星辰"。

东方圣诞玫瑰的杂交种——圆瓣、单瓣的深色品种。

从冬季到春季，在阴凉的庭院中

原生圣诞玫瑰分布在地中海沿岸到西亚，以及中国的部分地区，常见的品种是东方圣诞玫瑰的杂交种——四旬期玫瑰。但是，拥有漂亮彩色叶子的有茎类更适合花坛种植和组合盆栽种植。

圣诞玫瑰具有较强的耐寒性，惧怕高温期的直射阳光，庭院中的圣诞玫瑰在秋季到春季喜欢落叶树的树荫、初夏至秋初喜欢半阴凉的环境。圣诞玫瑰喜欢排水性好，腐殖质多的土壤，不喜欢潮湿或干燥的环境，尤其是在夏季，环境过于干燥会使植物变得虚弱，因此需要经常浇水。圣诞玫瑰生根后十分顽强，不断繁殖，但如果植株变老，则会影响植物开花。

圣诞玫瑰可采用分株繁殖方式。植物开花后是最佳的分株期，可以将长大的植物分成两三株。

1月	2月	3月	4月	5月	6月	7月	8月	9月	10月	11月	12月
									开花期		
								播种			
								种植			
								移植			

仙客来

科　　目	●报春花科
分　　类	●球根植物
花　　径	●5cm～8cm
植株高度	●15cm～40cm
花　　色	●红、白、粉、黄、紫、亮橙、多色

适合花坛种植和组合盆栽种植的仙客来。

楚楚动人的原生品种——小花仙客来。

仙客来及其原种

地中海沿岸分布着15种以上的原生仙客来。适合花坛种植和组合盆栽种植的是仙客来盆苗，以及耐寒的原生品种小花仙客来或常春藤叶仙客来。市售的仙客来具有一定的耐寒性，而主要的出售形式是开花的盆苗，以及原种系球根和盆苗。

仙客来耐寒性弱，冬季需要防霜，喜欢阳光充足的环境和排水性良好的肥沃土壤，栽种时可以使用赤玉土，再加入等量的泥炭土后混合。仙客来不喜欢潮湿环境，因此需等待土壤表面干燥后再浇水。在花坛中种植时，夏天要选择半阴凉的场所，用于组合盆栽时，可以摆放在阴凉的地方。开花期需经常用稀释的液肥等进行追肥，并且要及时修剪花梗和枯萎的叶子。

1月	2月	3月	4月	5月	6月	7月	8月	9月	10月	11月	12月
									开花期		
								播种			
								种植			
								移植			

香雪球

科　目	十字花科
分　类	一年生草本植物
花　径	0.25cm~0.3cm（花房2cm~8cm）
植株高度	10cm~15cm
花　色	白、粉、淡黄、紫、淡橘

耐暑性强，叶子带有斑点的超级香雪球"霜夜"。

能够开出可爱小花的香雪球"杏色阿佛洛狄忒"。

香甜的小花簇生在一起

　　香雪球是一种多年生草本植物，原产自欧洲南部，由于不喜欢高温潮湿的环境，在日本被视为一年生草本植物。香雪球的花期较长，具有香甜的气味，能开出许多簇生的小花，适合种植在花坛边缘或道路两旁，也适合组合盆栽或种植在吊兰花盆中。

　　香雪球喜欢碱性土壤，如果土壤酸性较强，需利用镁石灰调节土壤酸度。香雪球喜欢光照充足的环境，以及腐殖质多、排水性好的砂质土壤，不喜欢潮湿的土壤，春季和秋季每月需添加两三次稀释后的液肥。在花朵凋谢后修剪枝叶，就能再次开花。虽然具有较强的耐寒性，但在面对严寒天气时仍须做好防霜等措施。

　　香雪球的种子很小，随意播撒就能发芽，适合发芽的温度为15℃~20℃，适合生长的温度为8℃~20℃。

	1月	2月	3月	4月	5月	6月	7月	8月	9月	10月	11月	12月
开花期	■	■	■	■	■	■			■	■	■	■
播种			■	■	■				■	■		
种植			■	■	■	■			■	■		

日本茵芋

科　目	芸香科
分　类	常绿灌木
花　径	约0.5cm（花房7cm~10cm）
植株高度	30cm~100cm
花　色	白、粉

带有斑点的日本茵芋，叶子色泽亮丽，花蕾呈粉色。

日本茵芋"绿色矮人"，能够开出白色的小花。

花蕾可爱的小型灌木

　　日本茵芋是一种常绿灌木，从晚秋到春天的很长一段时间里，能够生出许多串圆形花蕾。日本茵芋体形小，生长缓慢且耐阴凉，十分适合花坛种植和组合盆栽。

　　日本茵芋具有较强的耐寒性，惧怕夏季的高温和强烈的阳光，适合种植在半阴凉的花坛中，制作盆栽组合时需摆放在通风良好的半阴凉场所。日本茵芋喜欢排水性好的弱酸性土壤，根部受损后恢复缓慢，因此种植和移栽时不能破坏根部的土块。这种植物不喜肥料，基本上无需施肥，尤其是在夏季的高温期，施肥有可能导致植物枯死。种植后三年内无需修剪枝叶。

	1月	2月	3月	4月	5月	6月	7月	8月	9月	10月	11月	12月
开花期		■	■	■	■							
花蕾的观赏期							■	■	■	■	■	■
扦插				■	■	■						
修剪				■	■	■						
种植、移植										■	■	■

紫罗兰

科　　目	●十字花科
分　　类	●一年生草本植物
花　　径	●5cm左右
植株高度	●20cm~100cm
花　　色	●红、白、粉、淡黄、蓝紫、泛蓝的紫色

紫罗兰"婴儿 淡蓝冲刺"。

小型重瓣紫罗兰"婴儿白"。

推荐种植小型分枝品种

紫罗兰是原产自欧洲南部的一年生草本植物，长长的花茎上能开出芬芳馥郁的花朵。多用于插花，小型品种适合花坛种植和盆栽种植。在日本关东以西的温暖地区，从早春开始开花，有分枝品种和无分枝品种，分枝品种更适合花坛种植和盆栽种植。紫罗兰与其他植物一齐种植在花坛里显得很有分量，组合盆栽的时候最好选择明亮的配色。

紫罗兰既怕严寒，也怕暑热，但能承受轻微的霜冻，喜欢排水良好、接近中性的弱酸性土壤。种植时多添加腐殖质，勤于浇水，栽种后容易缺水，必须仔细浇水。种植后添加基肥，并根据生长情况追肥，同时要注意蚜虫和菜螟。

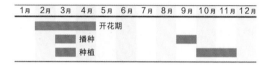

1月	2月	3月	4月	5月	6月	7月	8月	9月	10月	11月	12月

开花期

播种

种植

龙面花

科　　目	●玄参科
分　　类	●一年生草本植物、宿根植物
花　　径	●1cm~1.5cm
植株高度	●10cm~40cm
花　　色	●白、粉、黄、橙、紫、红、多色

气味香甜的渐进粉色龙面花"梅蒂尔"。

宿根型龙面花"薰衣草色"能够开出泛蓝的紫色紧凑型小花。

细小的花穗纷纷生出小花

龙面花原产自南非，花期长，能开出色彩柔和的小花。玄参科的一年生草本植物备受人们喜爱，但种植在凉爽的半阴凉环境中就能度过炎热夏季的宿根龙面花是主流的植物花卉。这种植物的花色变化丰富，部分品种气味清香浓郁。

龙面花喜欢阳光，需种植在排水性好的土壤中。无论是一年生草本型龙面花还是宿根型龙面花，都惧怕夏季高温多湿的环境，且需等待土壤表面干燥后再浇水。栽种时可以加入缓效化学肥料作为基肥，或每周一次，添加稀释后的液肥。凋谢的花朵需尽快摘除，否则会导致植物生病。春季和秋季开完花后，将植物的花茎剪掉一半，就能长出新芽。

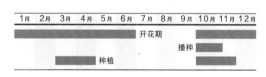

1月	2月	3月	4月	5月	6月	7月	8月	9月	10月	11月	12月

开花期

播种

种植

羽衣甘蓝

科　　目	●十字花科
分　　类	●一年生草本植物
花　　径	●1.5cm~2cm
植株高度	●20cm~80cm
花　　色	●白、粉、紫红

小型羽衣甘蓝，圆叶混合系列品种适合秋季到春季的花坛。

金属质感的暗紫色小型羽衣甘蓝"蓝宝石黑"。

适合花坛种植和组合盆栽

羽衣甘蓝是原产自欧洲西部和南部的多年生草本植物，也是卷心菜的近亲，自江户时代传入日本，仅在日本作为冬季观赏之用。羽衣甘蓝虽然被当成一年生草本植物培育，但自第二年以后通常会在开花后修剪花茎，使其生出腋芽。市场上有许多不同品种的小型盆苗。

羽衣甘蓝非常顽强，容易培育，喜欢光照充足，排水良好的肥沃土壤。栽培的重点是在天气变冷前种植，让植物扎根。为了让叶子的颜色更加漂亮，低温环境必不可少，添加过多的氮肥会影响叶子的颜色，因此10月以后不要施肥。

羽衣甘蓝通过种子进行繁殖，但在秋季更容易买到盆苗，合适的发芽温度为20℃~25℃，不同品种的发芽时间有所差异。

1月	2月	3月	4月	5月	6月	7月	8月	9月	10月	11月	12月
									叶子的观赏期		
						播种					
								种植			

三色堇

科　　目	●堇菜科
分　　类	●一年生草本植物
花　　径	●3cm~10cm
植株高度	●10cm~50cm
花　　色	●红、白、粉、黄、橙、蓝、紫、黑等

清澈的蓝色三色堇"横滨精选·蓝焰信号"。

紫红色的兔型品种——三色堇"神秘兔子"。

三色堇色彩缤纷、形态各异，是春季的主要花卉

自英国在19世纪开始进行品种改良以来，三色堇成为了色彩最丰富的园艺植物之一。人们通常将中到大型的三色堇称为"Pansy"，中到小型的三色堇称为"Viola"。

三色堇耐寒性强，但惧怕炎热，通常自秋季开始有花苗出售。三色堇喜欢阳光充足、通风良好的环境，以及排水性好的肥沃土壤，栽培时需在土壤中加入足量的基肥，然后在春季的生长期进行追肥，浇水时需等待土壤表面干燥后，浇足量的水。

如果不修剪花梗，三色堇很容易结出种子，而结种后的三色堇非常脆弱，且不再开花，因此应尽早从花梗处将花朵剪掉。种植时可以选择播种，但直接使用盆苗会更加轻松。

1月	2月	3月	4月	5月	6月	7月	8月	9月	10月	11月	12月
									开花期		
							播种				
								种植			

报春花

科 目	报春花科
分 类	一年生草本植物、多年生草本植物
花 径	1.5cm~8cm
植株高度	5cm~40cm
花 色	红、白、粉、黄、橙、蓝、紫等

鲜艳的黄绿色报春花朱利安"麝香葡萄果冻"。

多花报春"感觉·条纹蓝"。

早春活力绽放的可爱花朵

报春花品种众多，也是冬春季节不可缺少的植物，如不畏严寒的多花报春和报春花朱利安，早春盛开的报春花，以及怕冷但不需要太多阳光的四季报春。

不同种类的报春花耐寒性和耐暑性也不同，选种时需考虑地域、栽种场所、种植时间和种植方式。

多花报春和报春花等耐寒品种在光照不足的环境下生长和开花情况会变差，因此应种植在阳光充足，远离严寒和霜冻的场所。

无论哪个品种的报春花，都不喜欢干燥的土壤，开花期缺水会损伤花朵，土壤表面干燥后尽快浇水。勤于修剪，每月添加两三次液肥，就能让花朵持续盛开。

1月	2月	3月	4月	5月	6月	7月	8月	9月	10月	11月	12月
									开花期		
		播种									
	移植、分株								种植		

大戟

科 目	大戟科
分 类	一年生草本植物、多年生草本植物
花 径	0.7cm~1cm
植株高度	10cm~100cm
花 色	红、橙、白、黄、绿、紫、多色

木本植物，带有斑点，叶子十分漂亮的"金色彩虹"。

扁桃叶大戟"紫色"。

充满个性的叶子和姿态

常绿大戟主要集中在地中海沿岸地区，共有两千多个近亲，从一年生草本植物到多年生草本植物，再到灌木，种类繁多。其中，多年生草本植物中的树型常绿大戟、半常绿种甜大戟、匍匐型的铁仔大戟等更适合花坛种植和组合盆栽种植。此外，拥有白色的可爱小花苞的"钻石霜"等灌木常以盆苗的形式出售，在日本被视为一年生草本植物。

每个品种的大戟都很顽强，容易培育，但也都不喜欢夏季高温干燥的环境。夏季种植在明亮的半阴凉的场所，保持环境偏干燥。大戟喜欢排水性好的土壤，等待土壤干燥后再浇水。种植时注意不要切断根部。尤其要注意，大戟的茎、叶切口处流出的白色液体可能会导致皮肤红肿。

1月	2月	3月	4月	5月	6月	7月	8月	9月	10月	11月	12月
					开花期						
								种植			
								移植、分株			

金鱼草

科　目	●车前科
分　类	●一年生草本植物、宿根草
花　径	●3cm~4.5cm
植株高度	●10cm~100cm
花　色	●红、白、粉、黄、橙

拥有漂亮的深红色花和暗紫色叶子的金鱼草"金红"。

横向生长的小型金鱼草，适合栽种在花坛边缘。

颜色鲜艳的花穗引人注目

金鱼草产自地中海沿岸，原本属于宿根草，但通常作为一年生草本植物培育。其名称来自于酷似金鱼的花形，此外还有铃形的品种。

金鱼草喜欢阳光充足的环境和排水性良好的肥沃土壤。虽然金鱼草的抗寒能力较强，但在年平均气温15℃~18℃的地区以外，仍需要做好防寒和防霜工作。春季是最合适的定植时期，如果想要在年平均气温15℃~18℃的地区种植大型品种，就必须赶在冬季的严寒到来之前。气温升高后容易缺水，浇水时需等待土壤表面变干，然后浇足量的水。每月添加三四次液肥或缓释化肥，并及时摘除凋谢的花朵。

虽然盆苗方便种植，但种子更容易繁殖。金鱼草的种子很小，不需要盖土。

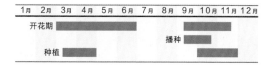

	1月	2月	3月	4月	5月	6月	7月	8月	9月	10月	11月	12月
开花期			███	███	███	███						
播种								███	███	███		
种植			███	███	███							

杜鹃花

科　目	●杜鹃花科
分　类	●常绿灌木
花　径	●5cm~10cm
植株高度	●50cm~300cm
花　色	●白、红、粉、橙、紫、黄

色调鲜明、深浅不一的粉色高山玫瑰杜鹃"婚礼花束"。

极具魅力的紫红色高山玫瑰杜鹃"紫宝石"。

华丽而优雅的"花木女王"

杜鹃花广泛分布在北半球，东亚地区有数百个品种。由于杜鹃花在春季开出豪华的大型花朵，因此被称为"花木女王"。叶子常绿，具有耐寒性。花形紧凑、耐暑的品种更适合花坛种植和组合盆栽种植。

在花坛中种植时，应选择没有西晒，夏季半阴凉的场所。杜鹃花虽然耐寒，但惧怕夏季的高温和强烈的阳光，因此制作盆栽时要摆放在通风良好的半阴凉场所。杜鹃花喜欢排水好的弱酸性土壤，种植前在土壤中加入充足的泥炭土，拌匀后将土壤垫高。如果肥料不足，杜鹃花很难开花，因此应在开花前的早春和花朵凋谢后添加含有磷酸和钾的肥料，土壤干燥后再浇水。

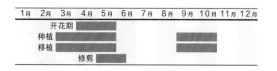

	1月	2月	3月	4月	5月	6月	7月	8月	9月	10月	11月	12月
开花期				███	███							
种植			███	███	███				███	███		
移植			███	███	███				███	███		
修剪					███	███						

水仙

科 目	●石蒜科
分 类	●球根植物
花 径	●2cm~13cm
植株高度	●10cm~60cm
花 色	●黄、白、橙

水仙"甜蜜的爱",一根花茎上能开出数朵星星形状的中型花朵。

富有田园风的原生围裙水仙。

清秀的姿态一直深受人们的喜爱

水仙是球根植物,主要分布在欧洲至北非的地中海沿岸地区,从古希腊时期开始被广泛种植。

水仙喜欢阳光充足、排水性好的环境,喜欢沙质土壤,但也可在其他土壤中种植。直接种植在庭院中,需选择夏季半阴凉的场所,过度添加氮肥或排水不利会导致球根腐烂。

种植在花坛或土地中时,先将土壤翻耕至30cm深,然后加入基肥——缓释化肥,再将球根埋入约等于自身直径3倍深的土壤中。种植在花盆中时,只需让土壤盖过球根,尽量让植物根部充分生长。水仙的根部在冬季也能生长,注意保持土壤湿润。

	1月	2月	3月	4月	5月	6月	7月	8月	9月	10月	11月	12月
开花期											■	■
分球				■	■	■						
种植									■	■	■	
挖出					■	■						

郁金香

科 目	●百合科
分 类	●球根植物
花 径	●3cm~10cm
植株高度	●10cm~70cm
花 色	●红、黄、白、粉、橙、紫等

颜色深浅不一的粉色百合型郁金香"桑妮"。

原生亚麻叶郁金香"透亮宝石"。

春季庭院中不可或缺的植物

从中亚到地中海沿岸地区,分布着一百多种原生郁金香,现在主要的栽培品种有一百多个。最近,原生郁金香和类似的园艺品种开始流行。

郁金香的花期很短,早熟品种(3月下旬~4月上旬)约为2周,中熟品种(4月上旬~下旬)为10天~2周,晚熟品种(4月下旬~5月上旬)约为1周。

为了延长观赏时间,可以选择花期不同的品种搭配种植,或选择花期较长的品种,如重瓣品种或鹦鹉型品种。深秋时节,将球根埋入深度约为自身直径2倍的土壤中,直到春季开花前需经常浇水,保持土壤湿润。

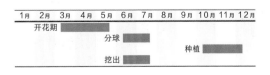

	1月	2月	3月	4月	5月	6月	7月	8月	9月	10月	11月	12月
开花期	■	■	■	■	■							
分球					■	■	■					
种植										■	■	■
挖出						■	■					

粉蝶花

科　　目	●紫草科
分　　类	●一年生草本植物
花　　径	●2cm～4cm
植株高度	●15cm～30cm
花　　色	●蓝、黑紫、白

粉蝶花属的代表种粉蝶花，别称喜林草。

紫点喜林草，淡淡的天蓝色花朵边缘嵌入了浓郁的蓝紫色。

纯净的天蓝色小花充满了春天的气息

　　粉蝶花是原产自北美西部的一年生草本植物，共有11个原种。其中容易栽培的是能够开出天蓝色花朵的粉蝶花，在日本被称为琉璃唐草。

　　这种植物喜欢凉爽干燥的气候。虽然具有耐寒性，但气温低于-2℃时仍需防寒。适宜生长的温度为10℃～20℃，气温持续高于20℃时，只需浇水，茎部就能迅速生长。粉蝶花种植在排水性能良好的沙质土壤中，冬季保持土壤偏干，尽量保持植物紧凑，少用肥料。

　　适合发芽的温度为20℃左右，虽说9～10月是播种的季节，但温度稍低时也能发芽。在气候温和的地区需推迟播种时间。粉蝶花是直根性植物，不易移栽，直接将种子种在花坛里更容易发芽。

1月	2月	3月	4月	5月	6月	7月	8月	9月	10月	11月	12月
			开花期						播种		
	种植										

葡萄风信子

科　　目	●天东门科
分　　类	●球根植物
花　　径	●2mm～5mm（花萼2cm～30cm）
植株高度	●10cm～60cm
花　　色	●紫、蓝、白

阔叶葡萄风信子呈深蓝紫色，顶部发白。

亚美尼亚葡萄风信子拥有丰满的蓝色重瓣花。

清纯可爱的花朵颇具人气

　　这是一种分布在地中海沿岸地区和亚洲西南部的小型球茎植物，已知原种约有30种，其中十多个原种及其园艺品种均可种植。

　　这种植物的耐寒性较强，喜欢排水性好的沙质土壤，不喜欢酸性土，因此需要事先用镁石灰等调节土壤酸度。虽然葡萄风信子喜欢阳光，但如在夏季高温期移栽培育，须选择移栽于阴凉处。肥料只用基肥，不需要过多施肥。

　　适合的移栽期是10～11月以后，过早移栽会导致植物提前发芽，受到低温侵害。此外，在气候温和的地区，植物叶子生长过快，会影响美观。为避免发生这种情况，须每年将球根挖出来种在别处，或者直接种植在排水性好的地方。

1月	2月	3月	4月	5月	6月	7月	8月	9月	10月	11月	12月
	开花期										
				分球					种植		
		挖出									

勿忘草

科 目	紫草科
分 类	一年生草本植物
花 径	约0.8cm
植株高度	10cm~50cm
花 色	蓝、粉、白

深受人们喜爱的勿忘草，能开出成片的蓝色小花。

勿忘草和郁金香是春季的经典组合

在日本，实际栽培的勿忘草是用小型种培育出的园艺品种。勿忘草最能展现柔和的春日色彩，常被用作花坛和盆栽组合的基础色。

尽早栽种小花苗，勿忘草才能在花坛中长大。大型花苗不喜移栽，而带花的幼苗会停止生长，因此适合组合盆栽。空间足够的情况下可以在花坛中播种，待发芽后间苗。勿忘草喜欢光照充足、排水性好、湿度适中的土壤，忌干燥和过量施肥。

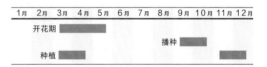

	1月	2月	3月	4月	5月	6月	7月	8月	9月	10月	11月	12月
开花期			■	■	■							
播种									■	■		
种植			■	■							■	■

春季~初夏

藿香蓟

科 目	菊科
分 类	一年生草本植物
花 径	1.5cm~2cm
植株高度	10cm~70cm
花 色	蓝、粉、白

小型极早熟品种——藿香蓟"阿罗哈蓝"，盛开着清透的蓝紫色花朵。

毛茸茸的蓬松花朵

藿香蓟原产自美洲热带地区，不惧酷暑，从初夏到秋季边分枝边生长，花期较长。大型品种适合用作插花，小型早熟品种更适合花坛种植和组合盆栽种植。原本属于不耐寒的多年生草本植物，但因为在日本不能越冬，被当作一年生草本植物。蓝花品种最具人气，另外还有粉色和白色品种。

藿香蓟喜欢光照充足的环境，光照不足会导致生长情况变差。种植在排水性好的土壤中，更加省力，几乎不需要施肥，过度施肥会导致植物徒长，变得软弱。藿香蓟在花坛中生根后，除了过度干燥的情况外，无须担心缺水的问题。栽种时如果间隔太近，植物会因闷热而生病。若用作组合盆栽，须经常修剪、间苗，同时保持通风的环境。

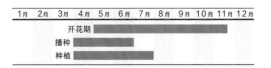

	1月	2月	3月	4月	5月	6月	7月	8月	9月	10月	11月	12月
开花期					■	■	■	■	■	■	■	
播种			■	■	■							
种植			■	■	■	■						

蕾丝花

科 目	●伞形科
分 类	●多年生草本植物（被当作一年生草本植物）
花 径	●3cm~5cm
植株高度	●30cm~70cm
花 色	●白

蕾丝模样的花朵和纤细的叶子令人着迷。

衬托玫瑰花或种在自然风的花坛里

蕾丝花原产自欧洲，白色的小花聚集成簇，带有细小缺口的叶子非常漂亮。蕾丝花耐寒性强，属于多年生草本植物，但由于日本夏季炎热，容易枯萎，所以被当作一年生草本植物栽培。

蕾丝花喜欢阳光充足的环境和排水性好的肥沃土壤，播种后容易培育，而盆苗结出的种子也很容易生成出幼苗，因此每年都能盛开。蕾丝花以玫瑰状的植株形态过冬，只需做好简单的防霜工作即可。蕾丝花生长速度快，春季长高后，待土壤表面干燥后，再浇足量的水。添加过多的氮肥会导致其枝叶茂盛但不开花，因此只能使用少量的缓释化肥。

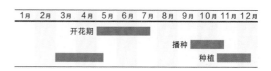

1月	2月	3月	4月	5月	6月	7月	8月	9月	10月	11月	12月
		开花期									
								播种			
									种植		

牛至

科 目	●唇形科
分 类	●多年生草本植物
花 径	●1cm~3cm
植株高度	●10cm~40cm
花 色	●粉、绿

牛至"美丽海岸"清香迷人，花苞带有淡淡的粉色。

作为花坛的前排或组合盆栽的陪衬

牛至的香草亲戚广为人们所知，而主要用作观赏的品种被称为花牛至，其中最具代表性的品种是"美丽海岸"，其花茎前端重叠的花苞带有淡淡的粉色，花苞内侧粉红色的细长花蕊部分就是花，带有牛至特有的芳香。

大多数牛至不喜欢高温潮湿的环境，而喜欢阳光充足、通风良好的环境。夏季可以将盆栽移动到半阴凉的场所，但在春季和秋季，光照不足会影响植物的生长和花苞的发育。花朵凋谢后从植株高度的一半修剪，就能再度开花。夏季需控制浇水量，以免环境过于潮湿，其他季节待土壤干燥后浇足量的水。

1月	2月	3月	4月	5月	6月	7月	8月	9月	10月	11月	12月
		开花期									
	播种										
								种植			
		移植、分株									

大叶玉簪

科　　目	●天门冬科
分　　类	●宿根草
花　　径	●3cm~8cm（叶茎：10cm~50cm）
植株高度	●10cm~90cm
花　　色	●白、淡紫
叶　　色	●绿、黄绿、蓝绿、斑点

明亮的半阴环境中混栽着多种大叶玉簪。

阴凉庭院中的珍宝

约有40种原生大叶玉簪分布在东亚，其中日本的原种最多，日本人从平安时代开始培育这种植物。虽然大叶玉簪的花也很美，但却是因漂亮的叶子而被视为"观叶植物"，深受人们的喜爱。

大叶玉簪的很多品种不喜欢强烈的直射阳光，尤其是叶子颜色鲜明，并带有斑点的品种，叶色和叶形变化丰富，是阴凉、半阴凉花园的最佳选择。

大叶玉簪十分顽强，易于栽培，不同品种的种植环境不同，耐热耐寒，高温天气下适合半阴凉环境。大叶玉簪喜欢排水性好、腐殖质多的土壤，对土质没有特殊要求，但不喜欢干燥的环境，因此要勤于浇水，保持土壤湿润，施肥时只需添加足量的基肥。

1月	2月	3月	4月	5月	6月	7月	8月	9月	10月	11月	12月
						开花期					
		种植									
		移植、分株									

矾根和黄水枝

科　　目	●虎耳草科
分　　类	●宿根草
花　　径	●0.7cm~1cm
植株高度	●20cm~60cm
花　　色	●红、粉、白等

叶子呈波浪形的琥珀色矾根"焦糖色"。

叶子富有个性的"名配角"

矾根属于宿根草，在美国有七十多种近亲，人工培育出的品种叶色各异。黄水枝是生长在北美森林中的宿根草，也是矾根的近亲。

这两种植物十分顽强，耐热耐寒，易于栽培，但都惧怕夏季的高温干燥，种植时需避开西晒场所。它们都喜欢稍微湿润明亮的半阴凉环境，种植在排水性好、腐殖质多的土壤中就能旺盛生长。适合种植的季节是秋季，栽种时埋得深一些，然后添加缓释化学肥料作为基肥。植株变老后，花茎也不再美观，因此要尽早掐断，培育侧芽。秋季将植物挖出，分株繁育，也可以用掐断的叶芽扦插繁殖。

拥有粉色花穗的黄水枝"春日交响曲"。

1月	2月	3月	4月	5月	6月	7月	8月	9月	10月	11月	12月
			开花期								
								种植			
		移植、分株									

碧冬茄

科目	●茄科
分类	●一年生草本植物
花径	●3cm~10cm
植株高度	●20cm~50cm
花色	●蓝、紫、红、粉、白、橙、黄等

适合花坛种植和组合盆栽种植的自然色"八岳日出"。

碧冬茄湘南绿系列的小型重瓣品种——"小玫瑰绿"。

盛开的花朵与花茎融为一体

南非南部分布着大约40种原生碧冬茄，此外还有许多园艺品种。碧冬茄惧怕酷暑、寒冬以及雨水，而新型品种没有这些缺点。碧冬茄喜欢阳光充足、排水性好、腐殖质多的肥沃土壤，不喜欢过于潮湿的土壤，在高温多湿的夏季，植物会变得非常脆弱，土壤表面干透了再浇水。

添加浓度高的肥料容易对植物产生药害，在植物生长旺盛的开花期，经常添加稀释后的液肥，或定期添加缓释化肥。悬挂矮牵牛等品种群更喜欢肥料。植物徒长后需尽快修剪，繁殖方式为播种繁殖。适宜的发芽温度偏高，为20℃~25℃，播种时间为4月中旬至5月。

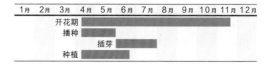

	1月	2月	3月	4月	5月	6月	7月	8月	9月	10月	11月	12月
开花期												
播种												
播芽												
种植												

过路黄

科目	●报春花科
分类	●一年生草本植物、多年生草本植物
花径	●0.5cm~3cm
植株高度	●5cm~80cm
花色	●紫、白、红、黄、多色

狼尾花暗紫色的花穗和花茎，银色的叶子令人流连忘返。

"利斯"叶子上带有大块斑点，开出漂亮的黄色花朵。

令人印象深刻的姿态，主角配角都适用

过路黄主要分布在北半球，共有两百多种原种，主要的生长类型有三种：木本型、横向生长型、低矮匍匐型。在日本，最具代表性的自然品种是矮桃。而在英式花园里，最为人们所熟知的是拥有金黄色圆形叶子的匍匐型植物——金叶过路黄。

过路黄可以种植在阳光充足的地方或半阴凉处，喜欢混合了许多腐殖质的潮湿土壤，不喜欢干燥环境，因此必须保持土壤中有充足的水分，尤其是在组合盆栽中，花盆中的土壤不能过于干燥。在花坛和组合盆栽中，木本型狼尾花、拥有暗紫色叶子的匍匐型"射击之星"、叶子带有斑点的"利斯"等品种深受人们的喜爱。

	1月	2月	3月	4月	5月	6月	7月	8月	9月	10月	11月	12月
开花期												
种植												
移植、分株												

香彩雀

科　　目	●车前科
分　　类	●多年生草本植物（被当作一年生草本植物）
花　　径	●1cm~2cm
植株高度	●20cm~80cm
花　　色	●蓝、紫、粉、白、多色

矮性香彩雀"蓝色"，清澈的蓝紫色花穗长期盛开。

小而紧凑的矮性香彩雀"白色"，从根部分枝。

适合花坛种植及组合盆栽种植的顽强植物

香彩雀原产自中美洲到南美洲的热带和亚热带地区，是一种不耐寒的多年生草本植物，无法在日本过冬，因此被当作一年生草本植物。香彩雀不惧酷暑，形态如树，花期长，从夏季盛开到秋季。虽然有大型品种，但小型品种更适合花坛种植和组合盆栽。香彩雀在阳光充足的环境和半阴凉环境中都能很好地生长，因此即使没有经验的人也能种植。

香彩雀喜欢阳光充足的环境和略微潮湿的肥沃土壤。由于开花期较长，在定植幼苗时，需将缓释化肥作为基肥，添加到土壤中，然后每两周添加一次稀释后的液肥，以保证土壤中含有足够的肥料。花朵凋谢后，从花穗根部修剪，就能生出侧芽，促进分枝，增加花数。

1月	2月	3月	4月	5月	6月	7月	8月	9月	10月	11月	12月
				开花期							
	播种										
		种植									

莲子草

科　　目	●苋科
分　　类	●多年生草本植物（被当作一年生草本植物）
花　　径	●0.5cm~1.5cm
植株高度	●10cm~70cm
花　　色	●粉、白、紫

红叶千日红"红色闪光"漂亮的紫红色叶子上带有红色斑点。

顽强的彩叶植物

莲子草原产自热带至亚热带地区的美洲，不畏炎热，枝繁叶茂，色彩斑斓，适合用来点缀花坛和组合盆栽，几乎全年都可观赏。虽然是观叶植物，但"千日小坊"等品种从夏季到秋季都能开出漂亮的花朵。莲子草是常绿植物，但在较冷气候下可当作一年生草本植物。根据莲子草的品种，可分为茂密型和匍匐型。

莲子草在向阳或背阴环境中都能生长，但日照不足会导致叶子颜色暗淡。部分品种能够在秋季的低温期开出小花，开花时叶色鲜艳，但遇到霜冻或冻伤就会受损枯萎。莲子草能够适应高温高湿的环境，土壤干燥后再浇水，无须过多施肥。

喜旱莲子草拥有暗紫色的小型叶子和白色的小花。

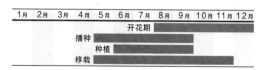

1月	2月	3月	4月	5月	6月	7月	8月	9月	10月	11月	12月
							开花期				
	播种										
		种植									
			移栽								

观赏用辣椒

科　　目	茄科
分　　类	一年生草本植物
花　　径	1cm～2cm
植株高度	15cm～80cm
花　　色	红、黄、橙、白、紫、黄绿

观赏用辣椒"紫色闪光"，暗紫色的叶子上带有白色的斑点。

观赏用辣椒"黑珍珠"，暗紫色的果实和叶子十分别致。

色彩缤纷、造型多样的果实和叶子

观赏用辣椒原产于美洲的热带地区，果实色彩斑斓、变化丰富，有紫色、橙色、奶油色、深红色等。其细长扭曲的形状让人不禁联想到恶魔的爪子，丰满的球形果实使其成为花坛种植和组合盆栽种植的焦点。部分品种的叶子带有暗紫色或白色的斑块，可以与果实一道从夏季欣赏到晚秋。

观赏用辣椒喜欢阳光充足、通风良好的环境，种植在排水性好的肥沃土壤中，将缓释化肥作为基肥，添加到土壤中。关于种植的诀窍，轻轻地解开植物根部的土块，就能促进植物萌发新芽和生长，不破坏植物根部的土块，则可以保持紧凑的姿态。注意不能缺水。

1月	2月	3月	4月	5月	6月	7月	8月	9月	10月	11月	12月

观赏期
播种
种植
移植

锦紫苏

科　　目	唇形科
分　　类	一年生草本植物
花　　径	0.8cm～1cm
植株高度	20cm～100cm
花　　色	红、茶褐色、紫、黄、绿、橙

营养系锦紫苏"月桂树"，石灰绿色的叶子上遍布着紫红色的叶脉。

有着红色皱边的营养系锦紫苏"弗拉门戈舞"，红褐色的叶子有微妙的颜色差异。

感受叶色变化的乐趣

亚洲和非洲的热带地区分布着六十多种原生锦紫苏。主要的培育品种是锦紫苏和五彩苏。除此之外，还有众多叶子颜色，以及形状、大小迥然相异的园艺品种。

锦紫苏喜欢高温潮湿的环境和半阴环境，部分品种即使在阳光充足的环境下生长，叶子也不会受损。锦紫苏喜欢排水性好、透气性强、腐殖质多的土壤，不喜欢过于潮湿或干燥的环境。待土壤表面干燥后再浇足够的水，施肥时可以将缓释化肥作为基肥，根据植物的生长情况进行添加。植物的茎和枝条徒长后，可以修剪，调整植株的形状。可以播种或插芽等方式繁殖。

1月	2月	3月	4月	5月	6月	7月	8月	9月	10月	11月	12月

观赏期
播种
插芽
种植

鼠尾草

科　　目	●唇形科
分　　类	●一年生草本植物、宿根草
花　　径	●2cm~7cm
植株高度	●30cm~200cm
花　　色	●红、粉、白紫、蓝、黄等

盛开着深粉红色花朵的宿根鼠尾草杂交种"粉红蜘蛛"。

能开出闪亮白花的一年生草本植物的代表品种——"弗拉门戈白"。

具有药物型和芳香型等多个品种

　　全球温带到热带地区分布着九百多种原生鼠尾草，有的品种含有药用成分，有的具有芳香性。

　　鼠尾草不同品种对寒冷的抵抗力不同，半耐寒品种在气温高于5℃的环境下可以过冬。鼠尾草喜欢阳光充足、排水性好的环境，不喜欢干燥的土壤，种植时需要添加大量腐殖质，并保持土壤湿润，表面土壤干燥后再浇水。

　　除了添加足够的基肥外，在春季到夏季来临前的生长期，还需添加液肥和缓释化肥。花朵凋谢后，尽早剪掉花茎，就能生出腋芽，再次开花。一年生草本品种可以播种繁殖，宿根草品种在3月份分株繁殖，或在5~6月份插芽繁殖。

	1月	2月	3月	4月	5月	6月	7月	8月	9月	10月	11月	12月
一年生草本型 开花期				■	■	■	■	■	■	■	■	
播种			■	■	■	■						
种植			■	■	■	■						
宿根草型 开花期				■	■	■	■	■	■	■	■	
插芽					■	■						
种植			■	■	■	■						
移植、分株			■	■								

百日菊

科　　目	●菊科
分　　类	●一年生草本植物
花　　径	●3.5cm~7cm
植株高度	●15cm~80cm
花　　色	●红、黄、粉、橙、白、绿、多色

深粉红色重瓣品种——百日菊"闪耀·粉红梦想"。

明亮的柠檬黄色重瓣品种——百日菊"闪耀·双重黄色"。

因花期长而被称为"百日草"

　　百日菊是墨西哥的原产植物，顽强且易于栽培，花期长，从初夏盛开至秋季。不仅有适合插花的大型品种，也有适合花坛种植和组合盆栽的矮小品种。在过去，生动活泼的颜色才是主流，而现在，越来越多的品种带有时尚自然的气息，如淡粉色、杏色配淡绿、白底配亮粉等。

　　百日菊喜欢阳光充足、通风好的环境，以及排水性好的土壤。百日菊在花坛里生根后，除了极端干燥的情况外，无须经常浇水，但要注意的是，如果过于干燥导致叶子枯萎，花朵的数量也会受到影响。浇水时，需慢慢地向植物根部浇水，花朵上溅到水，水滴从土壤中溅起，会导致植物生病。断肥会影响花朵数量，应每两周添加一次稀释过的液肥。

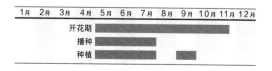

	1月	2月	3月	4月	5月	6月	7月	8月	9月	10月	11月	12月
开花期				■	■	■	■	■	■	■		
播种				■	■	■	■					
种植				■	■	■		■				

青葙

科　　目	●苋科
分　　类	●一年生草本植物
花　　径	●0.5cm~2cm
植株高度	●10cm~100cm
花　　色	●黄、粉、红、紫、橙、绿

青葙"鲜亮外观"的花朵朝气蓬勃，深红的花穗和暗紫色的叶子令人沉醉。

青葙"玫瑰浆果巴菲"的花朵形似烛火。

像羽毛一样簇生的花

青葙原产于印度和亚洲热带地区，花期长，从夏季盛开到秋季，因在日本被称为"鸡冠花"而广为人知。青葙的近亲大致分为两个系谱，一类带有肉瘤和羽毛状的花穗，另一类拥有蜡烛一样细长的花穗分枝。由于花朵能长时间保持活力，除插花外，也适合用来制作干花。

青葙喜欢光照充足的场所，在排水性好的土壤中很容易栽培，几乎不需要施肥，施肥过多会导致叶子徒长，花穗停止生长。植物扎根前不能缺水，不同品种的植株高度和分枝情况相差悬殊，栽种时需留下足够的空间。

1月	2月	3月	4月	5月	6月	7月	8月	9月	10月	11月	12月
		开花期									
		播种									
		种植									

大丽花

科　　目	●菊科
分　　类	●球根植物
花　　径	●3cm~30cm
植株高度	●20cm~200cm
花　　色	●红、粉、白、黄、橙

大丽花"画廊排气"，分量感十足的中型花，适合种植在花坛中。

华丽丰满的大丽花

中美洲的山地分布着三十多种原生大丽花，另外还有1万多种人工培育的园艺品种。

大丽花原产自热带高原地区，喜欢凉爽的气候，适宜的生长温度为15℃~20℃，不喜欢高温高湿的环境，适宜的种植环境是通风良好、阳光充足的场所，以及排水性好、腐殖质多的肥沃土壤。

种植时，将大丽花发芽的位置埋入5~10cm深的土壤中，等待土壤表面干燥后再浇足量的水。除基肥以外，在春季和秋季的生长期，需添加缓释化肥。在温暖地区，梅雨过后要修剪花茎。

秋季来临，叶子枯萎的时候将球根挖出，然后将白薯状块茎一个个切开，等到第二年继续种植。

1月	2月	3月	4月	5月	6月	7月	8月	9月	10月	11月	12月
			开花期								
	分球										
	种植										
									挖出		

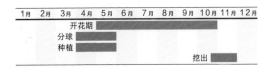

长春花

科	目●夹竹桃科
分 类●一年生草本植物
花 径●2.5cm~5cm
植株高度●15cm~60cm
花 色●红、粉、白、紫红、薰衣草色

长春花"血橙芭蕾舞裙"，花朵中央呈暗紫色，外侧为鲜亮的橙色。

长春花"迷你夏日"，能开出许多密集的小型花朵。

酷爱盛夏的炎热和阳光

长春花能够抵挡盛夏的酷暑和强烈的光线，是装饰夏季花坛时不可缺少的艳丽花朵。长春花分枝性好，形态茂盛，花开不断，甚至能盖住整个植株，故被称作"日日春"。不耐寒，气温下降时花朵也会变小。

随着迷你型和半重瓣型等品种的改良，最终出现了薰衣草色的长春花。

长春花喜欢高温、干燥的环境，不喜欢光线不足的环境和过于潮湿的土壤。种植在阳光充足、通风性好的场所，以及排水性好的土壤中，无须考虑土质。除基肥外，还要根据生长情况定期添加缓释化肥。

长春花的发芽温度为20℃~25℃，4~5月份在盆里各撒两三粒种子，然后覆盖土壤，等待10天左右就能发芽。

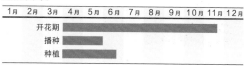

秋海棠

科	目●秋海棠科
分 类●一年生草本植物
花 径●1cm~3cm
植株高度●15cm~40cm
花 色●红、粉、白等

适合花坛种植的重瓣品种——四季秋海棠"双红色"。

球根秋海棠，能开出艳丽的大型花朵，惧怕寒冷，适合花盆种植，冬季须移至屋内。

自然紧凑的半球形花朵

除澳大利亚外，世界各地的热带至亚热带地区分布着两千多种原生秋海棠。

秋海棠的防暑抗寒能力较强，能够在温暖地区的户外过冬，喜欢排水性好的肥沃土壤，不喜欢过度潮湿的土壤，土壤表面干透后再浇足量的水。在初夏和秋季的生长期添加液肥或缓释化肥。高温期容易出现肥料损害，因此不能施肥。在炎热地区的夏季，植物容易徒长，可以在夏季来临前或夏末进行修剪。播种繁殖，但由于种子非常小，必须十分小心。重瓣品种可以插芽繁殖。

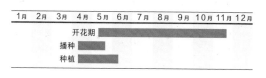

五星花

科　　目	●茜草科
分　　类	●灌木（被当作一年生草本植物）
花　　径	●1cm~1.5cm
植株高度	●15cm~80cm
花　　色	●红、粉、白、紫

五星花"涂鸦粉"属于小型分枝品种，容易培育。

五星花"涂鸦红天鹅绒"的深红色花朵美艳绝伦。

花期长的星形小花

五星花原产于非洲热带地区，是一种常绿灌木，由于在日本无法过冬，因此被当作一年生草本植物。五星花不惧酷暑，从初夏到秋季分枝生长，花期较长。有大型品种，但改良后的小型品种更适合花坛种植和组合盆栽种植。主流颜色是粉色和白色，也有红花和叶子带有斑点的品种，而近几年出现的蓝紫色品种深受人们喜爱。五星花大多为单瓣品种，但也有少量重瓣品种。

五星花喜欢阳光充足的环境，不喜欢闷热的环境，需种植在排水性好的土壤中，保持植株间的距离和良好的通风性。五星花的花期较长，当肥料耗尽时，花的数量会减少。五星花在花坛里扎根后，除了极端干燥的情况外，无须经常浇水，但要注意夏季不能缺水。

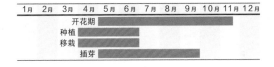

1月	2月	3月	4月	5月	6月	7月	8月	9月	10月	11月	12月
		开花期									
		种植									
		移栽									
		插芽									

金光菊

科　　目	●菊科
分　　类	●一年、二年生草本植物，多年生草本植物
花　　径	●3cm~15cm
植株高度	●25cm~120cm
花　　色	●黄、橙、红、茶、多色

三叶金光菊"高尾"，从初夏到晚秋娇小的花朵不断盛开。

菊花的近亲，花期长且顽强

金光菊原产自北美洲，顽强且容易培育，不惧酷暑，开花期长，从夏季盛开到秋季。由与菊花相似的筒状花和舌状花构成，在花坛和盆栽中十分显眼。主要花色为黄色和橙色，也有红棕色和多色品种。

金光菊喜欢阳光充足的环境，种植在排水性好的土壤中，无须过多费心。几乎不用施肥，过量施肥会导致植物徒长。金光菊在花坛扎根后，除了极端干燥的情况外，不用经常浇水。尽早修剪花茎，能够促进新的花茎生长，植物生长过长时，可以修剪，或进行间苗以改善通风。

1月	2月	3月	4月	5月	6月	7月	8月	9月	10月	11月	12月
				开花期							
	播种										
		种植									

第六章

花坛和
组合盆栽的
维护

本章收录了打造花坛，静待花开，
欣赏组合盆栽的季节性花卉时需要的知识点。
通俗易懂，全面细致。

花坛和组合盆栽植物如何浇水

夏季的组合盆栽特别容易干燥，应在清晨和傍晚浇充足的水。

浇水的要点

　　每日浇水是享受花坛和组合盆栽的乐趣时必不可少的环节，植物生长过程中最重要的就是水。在开花期，为了让植物开花，也需要多浇水。缺水不仅会导致花和茎叶枯萎，还会影响植物开花。

　　从春季到初夏，天气持续晴好，气温升高，土壤容易干燥。注意观察土壤，切记不要让植物缺水。

　　夏季开花的植物，有的耐旱，有的不耐旱，栽种幼苗时应避免同时栽种这两类植物。对于不能适应干燥的植物，需在早晚浇水，土壤没有恢复干燥时，在傍晚用水淋湿叶子即可。在持续的晴朗高温天气下，耐干燥的植物也会缺水，因此要在叶子萎蔫前浇水。

妥善浇水的诀窍

　　浇水时动作要慢，直到多余的水分从花盆底部流出。不能从叶子上方浇水。

对于如何向花坛浇水，许多人不得要领。只将土壤表面淋湿，水分往往无法到达植物的根部末端。可以将花坛想象成大型盆栽组合，然后充分浇水。

浇水的标准

有的植物耐旱，有的植物不耐旱，一定要根据植物的性质浇水。请参考以下五个标准为植物浇水。

保持土壤干燥	大花马齿苋、迷迭香等
保证土壤不会过于干燥	金雀儿、天竺葵等
土壤表面完全干燥后浇水	秋海棠、万寿菊等
等待土壤表面干燥后浇水	勿忘草、蒲包花等
保持土壤湿润	夏堇、马蹄莲（湿地植物）等

在种植着球根的盆栽组合中，如果还种植了三色堇等植物，则可以根据这些植物的状态浇水。如果只种植了球根，没有栽种其他花草，请不要忘记浇水。

肥料的种类和
施肥方法

经常使用方便的肥料

植物生长过程中必不可少的养分是氮、磷酸和钙。土壤中经常缺少这类养分，因此需要施肥。肥料大致可以分为有机肥料和无机肥料。

在有机肥料中，存在油渣和骨粉等物质，如果微生物无法发酵分解，则会导致植物根部无法吸收，因此施肥一段时间以后才能生效。本书推荐使用已发酵的商品化肥。

无机肥料是由化学成分合成的，所含成分的多少清晰可见，可以根据植物的生长情况添加。不过，添加过多肥料会导致植物受损，必须控制施肥的分量。

此外，植物活力剂能够补充肥料所没有的微量元素。

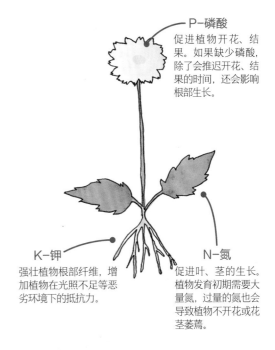

P-磷酸
促进植物开花、结果。如果缺少磷酸，除了会推迟开花、结果的时间，还会影响根部生长。

K-钾
强壮植物根部纤维，增加植物在光照不足等恶劣环境下的抵抗力。

N-氮
促进叶、茎的生长。植物发育初期需要大量氮，过量的氮也会导致植物不开花或花茎萎蔫。

为了防止植物在开花期缺少肥料，应向植物根部施肥。

让喜阴凉的植物更加健壮的肥料。

施肥前按照规定比例用水稀释液肥。在夏季，以更淡的浓度比例稀释液肥，并勤施肥。

缓释颗粒状化肥

推荐用于追肥的化肥

不同液肥的成分比有所差异

补充微量元素的活力剂

修剪枯萎的花朵、摘心、修剪枝叶

修剪枯萎的花朵，保持植物干净

　　花开败后凋谢的花被称为花梗。花梗不能放任不管，要尽早剪掉。如果放任不管，不仅会影响外观，掉落的花梗腐烂后还会诱发疾病，甚至成为害虫的源头。

　　另外，三色堇等花期长、容易结种子的植物，如果不修剪花梗，结种后植株就会变弱，影响开花。即使是不结种子的植物，如一串红等成串开放的花朵，也要尽早从花茎的根部切下凋谢的花朵，促使腋芽生长，开出新的花朵。

初夏到夏季盛开的百日菊和金光菊等植物，花朵凋谢后会留下花梗，如不及时处理，有时会发霉，导致植物生病。

如果不修剪花梗

　　三色堇和碧冬茄等植物能快速结出种子，导致植物衰弱，因此要尽早修剪花梗。

修剪花梗的类型

在花朵完全凋谢前进行修剪，不同的开花植物，修剪方法也不同！

类型1
剪掉整个花茎

三色堇、雏菊、天竺葵、旱金莲等

花茎长高，并在末端开出花朵。捏住花茎根部，折弯呈90度，就能从花茎根部轻松折断。窍门是一边用手按住植物，一边轻轻扯断花茎。

类型2
只剪掉花朵

夏堇、碧冬茄、熊耳草、苏丹凤仙花等

对于花茎短小的花朵，可以用指尖摘掉。一般用指甲尖就能轻松摘除，但碧冬茄会粘在指尖上，建议使用剪刀。

类型3
剪掉枝条和花茎

木茼蒿、金鱼草、万寿菊

长出枝条的花朵。对于花茎较硬的，用剪刀剪断，而对于长有花穗的，按照花朵凋谢的顺序依次修剪，花朵全部凋谢后，剪掉花茎。

如何摘心

一串红和大丽花等长得很高的植物只会一味地向上生长，枝条的数量不会增加，只有顶端开花，会让植物失去平衡，影响姿态。

为了让植物变得更加茂密，在幼苗时期摘除最上方的芽，这种工作也被称为"打顶"，摘除新芽后，植物就会长出数个腋芽，变得更有分量。摘心只摘除芽的尖端部分，不要使用剪刀，要用指尖或指甲摘除顶梢。

修剪枝叶，延长开花时间

修剪枝叶是指植物和树木长得太高时，剪掉杂乱生长的茎、枝，促使植物生出腋芽，变得更加茂密。

连续的梅雨期和盛夏的高温等恶劣的气候条件持续，会影响叶子颜色和花期。在这种情况下，修剪枝叶能让植物长出许多健康的新芽。

虽然不同植物适合修剪的时期不同，但基本上是在植物生长的旺盛时期或开始生长之前。无论哪种情况，都要在确认长出腋芽后，在枝节处进行修剪。

摘心和修剪枝叶有什么不同？

摘 心

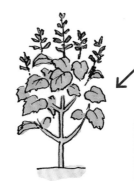

摘除茎和枝末端的芽，抑制过度生长，促使植物生出侧芽，促进分枝。当植物生长到5~10cm，长出8片叶子时，用指尖折断顶梢。

如果不摘心

植物会一味长高，不分枝，缺乏分量感。
在幼苗时期摘心，就能促使植物在根部周围生出侧芽，长出花穗。

修剪枝叶

剪掉过长的枝条和旧的枝条。目的是为了让植物生出新芽。从植物高度的1/3处进行修剪，就能让植物变得更加茂密，开出更多的花。

碧冬茄的基本修剪方法

从这里剪掉

1 花朵凋谢的碧冬茄。从分枝处的上方进行修剪，留下外侧的枝条。

2 剪掉其余的茎，添加稀释后的液肥，能让植物变得更加茂盛，开出更多的花。

病虫害的防治

重点在于早发现、早处置

首先，为了免受疾病和害虫的侵害，要购买健康的幼苗和球根。最重要的是平时多观察花坛和盆栽组合，尽早发现疾病和害虫。

用杀虫剂应对害虫，用杀菌剂应对疾病。最好备齐防止由霉菌引发疾病的杀菌剂，以及能够消灭蚜虫和毛虫的杀虫剂。如果有一种能同时应对疾病和害虫的杀虫杀菌剂，就更方便了。大多数药剂和人类的药物一样，只对特定的疾病和害虫有效。

园艺新手有时不知道疾病和害虫的种类。如果无法判断，可以咨询园艺商店。

病虫害对策 请对照检查

确认病虫害的种类并不简单。如果你觉得迷惑，首先查看以下六个方面。

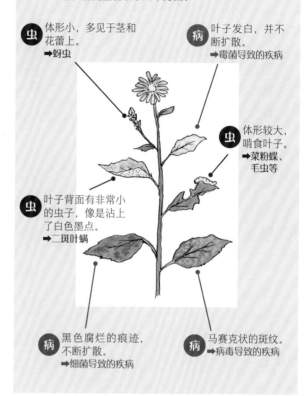

虫 体形小，多见于茎和花蕾上。
➡蚜虫

病 叶子发白，并不断扩散。
➡霉菌导致的疾病

虫 体形较大，啃食叶子。
➡菜粉蝶、毛虫等

虫 叶子背面有非常小的虫子，像是沾上了白色墨点。
➡二斑叶螨

病 黑色腐烂的痕迹，不断扩散。
➡细菌导致的疾病

病 马赛克状的斑纹。
➡病毒导致的疾病

花坛和盆栽组合中常见的疾病和害虫

长额负蝗啃食花朵和叶子。

从叶子中心开始啃食的潜蝇幼虫。

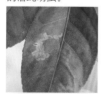

白粉病，叶子发白，像是撒了一层粉。

灰霉菌病，叶子和茎生出霉菌。

各种好用的杀虫杀菌剂

从添加了科学成分的制品到纯天然制品。从喷雾剂到颗粒状制剂。

不同类型的杀虫杀菌剂的使用方法

颗粒状杀虫杀菌剂适合洒在植物根部的土壤上，也可以在种植时混入土壤中。

纯天然型杀虫杀菌喷雾以药品成分包裹疾病和害虫，发挥功效，因此要充分喷洒在受害部位。

杀虫肥料的使用方法

1

向液肥中加入防除蚜虫打的药物成分，用盖子计量。

2

将称量好的水倒入喷壶中，然后再加入称量好的杀虫肥料。按照1L水4ml杀虫肥料的比例稀释。

3

对准盆栽组合的植物根部，肥料成分和渗透性杀虫成分会被植物根部吸收。

组合盆栽三色堇、碧冬茄等植物经常生出蚜虫，在发现初期，向植物根部周围播撒渗透性杀虫剂。

在阳台和平台上种植的植物会引来蛞蝓。由于蛞蝓是夜行性动物，白天很难抓到，在这种情况下，可以在花盆下方播撒引诱型杀虫剂。

各种杀虫剂

根据适用害虫的种类，作用不同，使用前请仔细阅读标签和瓶身上的注意事项。

各种杀菌剂

购买前请仔细阅读包装上的使用说明，确定适用的植物及疾病种类。仔细阅读标签，确认使用方法。常见的种类有喷雾剂型和颗粒型等。

各种驱虫剂

双线蛞蝓和鼠妇都会引发虫害。驱除令人不快的害虫，园艺劳动更愉悦。

植物图片索引

参考文献

《花草疑难解读指引》（室谷优二、日本主妇之友社）
《吊篮盆栽植物法则》（井上真由美、日本讲谈社）
《如何打造漂亮的小花坛》（天野麻里绘、日本讲谈社）

日文版工作人员

协助摄影　泽泉美智子
摄　　影　弘兼奈津子
插　　图　岩下纱季子

图书在版编目（CIP）数据

第一次打造花园就成功. 花坛小景与组合盆栽 /
（日）井上真由美著；唐文霖译. —北京：中国轻工业
出版社，2023.4

ISBN 978-7-5184-4271-3

Ⅰ.①第… Ⅱ.①井… ②唐… Ⅲ.①花园—园林设计
Ⅳ.①TU986.2

中国国家版本馆 CIP 数据核字（2023）第 012353 号

责任编辑：杨　迪　　责任终审：高惠京
整体设计：锋尚设计　责任校对：吴大朋　责任监印：张　可

出版发行：中国轻工业出版社（北京东长安街6号，邮编：100740）
印　　刷：北京博海升彩色印刷有限公司
经　　销：各地新华书店
版　　次：2023年4月第1版第1次印刷
开　　本：710×1000　1/16　印张：8
字　　数：200千字
书　　号：ISBN 978-7-5184-4271-3　定价：68.00元
邮购电话：010-65241695
发行电话：010-85119835　传真：85113293
网　　址：http://www.chlip.com.cn
Email：club@chlip.com.cn
如发现图书残缺请与我社邮购联系调换
220441S5X101ZYW